百年河大 百年建筑

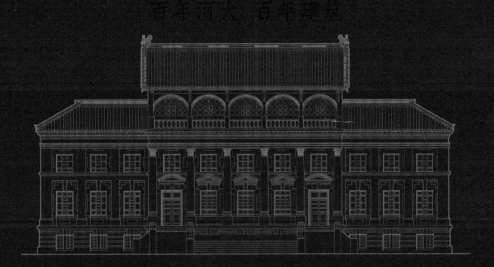

河南大学百年建筑

张义忠 编著

科学出版社

北京

内 容 简 介

本书由河南大学前身——贡院旧址、河南大学近代建筑群、凋零的国际式时期校园建筑、河南大学苏式建筑四部分内容组成，其中河南大学近代建筑群和河南大学苏式建筑群两部分为本书主要内容。第一部分介绍了清雍正十年改建河南贡院碑和道光二十四年重修河南贡院碑情况，以表达校园选址于此的文化背景。后三部的阐述均为先综述每个时期时代背景、历史沿革、校园规划、建筑风格，再逐个介绍各座单体建筑，以使整体把握近代中西合璧建筑、凋零的国际式时期建筑及苏式建筑的社会背景及建筑风貌；单体建筑以建造年代先后顺序介绍，以测绘图、照片为主，文字叙述为辅，内容包括建造时间、建筑功能、建筑面积、建筑风格等，为读者提供精确建筑信息，使读者对河南大学建筑有比较深入的了解。

本书适合建筑、历史、文化遗产保护等领域的专业人员，以及高等院校相关专业的师生参考阅读。

图书在版编目（CIP）数据

河南大学百年建筑 / 张义忠编著. —北京：科学出版社，2022.5
ISBN 978-7-03-072078-8

Ⅰ. ①河… Ⅱ. ①张… Ⅲ. ①河南大学 – 教育建筑 – 介绍
Ⅳ. ① TU244.3

中国版本图书馆 CIP 数据核字（2022）第060795号

责任编辑：吴书雷 / 责任校对：邹慧卿
责任印制：肖　兴 / 封面设计：张　放

斜 学 出 版 社 出版

北京东黄城根北街16号
邮政编码：100717
http://www.sciencep.com

北京汇瑞嘉合文化发展有限公司 印刷

科学出版社发行　各地新华书店经销

*

2022 年 5 月第　一　版　开本：889 × 1194 1/12
2022 年 5 月第一次印刷　印张：16
字数：398 000

定价：398.00 元
（如有印装质量问题，我社负责调换）

前　言

　　思想家歌德说建筑是凝固的音乐，俄国作家果戈理说过：建筑同时还是世界的年鉴，当歌曲和传说已经缄默的时候，而它还在说话。康奈尔大学校长在学校建设的大会中提到：要让高校环境成为学生选择该校的条件中处于仅次于高校教学科研水平的第二位理由。在推行素质教育的今天，教育场所已多元化，环境的潜移默化和熏陶已成为课堂教育的延伸和补充，"一草一木参与教育"已成为高校建设中新的理念。

　　河南大学创立于1912年，始名河南留学欧美预备学校，起初利用河南贡院东半部旧址空间拉开办学序幕。后历经中州大学、国立第五中山大学、省立河南大学等阶段，1942年改为国立河南大学。中华人民共和国成立后，经院系调整，几易其名，1984年恢复河南大学校名。

　　目前河南大学主要有开封明伦校区、金明校区和郑州龙子湖校区三个校区。其中明伦校区是最早的校区，占地面积750亩，校园内的近代建筑群以河南留学欧美预备学校旧址的名称，于2016年列入全国重点文物保护单位，校园内的苏式建筑于2020年列入省级重点文物保护单位。上述民国时期中西合璧的近代建筑和中华人民共和国成立初期的苏式建筑构成校园空间的基本框架，是特定时期历史文化的物质载体，承载着河南大学早期办学的风雨历程。因此，河南大学这两批老建筑被称为"文化底蕴丰厚的时空走廊"，在历经一个世纪的风雨洗礼后，至今保存完整，仍在发挥其使用价值的同时还具有较高的观赏价值。可以说，百年河南大学文脉的延续在很大程度上是以这两批老建筑群为载体的。它们阐释并传播着河大的文化与精神，记录并承载着河大的光荣与梦想。今天，当我们面对这些规整的建筑工程，重温河南大学曾经有过的辉煌，无不钦佩先贤们用建筑语言对民族文化、地域文化所进行的诠释，从而留下这份值得让我们自豪与激动的建筑遗产。今天，由这两批建筑遗产构成的校园环境在助推河南大学打造国家"双一流"建设高校中起着无可替代的重要作用。这是本书以这两批建筑作为主要编写对象的初衷，也以此向规划者、设计者、建设者、保护者表达由衷的致敬！

　　本书以测绘图、照片为主，文字叙述为辅，图文并茂，力求学术性与欣赏性相结合。建筑测绘图是先有建筑，后有图纸，是从设计到建造的逆向过程，是建筑专业领域最理性、最精准的表达方式。它一方面为既有建筑保护修缮建立档案，另一方面为同类建筑设计提供直接参考。通过介绍和描述，专业读者对建造背景、规划格局、建筑风格有清晰的认识和理解，非专业读者即使没有到过河南大学，也会对校园有一个总体的、大致的了解，从而在脑海中留下美好而深刻的印象。

　　在编写本书过程中，图纸部分以申报国保和省保时的测绘图为基础，河南大学建筑学专业2011级程兰、2012级刘子彦、李岚洋、2013级张成燊协助整理，文字描述部分参考了2002年9月出版的《河南大学校史》和2012年由邓明灿、张义忠合著的《河南大学百年建设史》等书籍，拜访了许多老同志和现任领导、教师、员工，在此一并致谢，恕不一一列举。

河南大学近代建筑群及不可移动文物分布图

总平面图

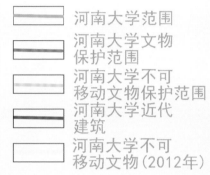

河南大学范围

河南大学文物
保护范围

河南大学不可
移动文物保护范围

河南大学近代
建筑

河南大学不可
移动文物(2012年)

1. 南大门
2. 六号楼
3. 西二斋
4. 七号楼
5. 贡院碑
6. 东工字楼
7. 九号楼
8. 东十斋
9. 大礼堂
10. 小礼堂
11. 西工字楼
12. 八号楼
13. 十号楼
14. 学生公寓
15. 学五楼

0 20 40 60 80 100m

目　　录

河南大学前身——贡院旧址

河南大学校园由位于河南省开封市的明伦校区、金明校区和位于河南省郑州市的龙子湖校区组成。明伦校区位于开封市明伦街85号，位居开封市旧城区的东北隅，东临全国重点文物保护单位明清古城墙，北依全国重点文物保护单位宋代开宝寺塔，俗称铁塔，西望清代龙亭，南傍阳光湖，占地面积700多亩。明伦校区是河南大学最早建成的校园，是河南大学的创始地。

河南大学的前身是河南留学欧美预备学校，而该学校是在河南贡院的遗址上建立起来的。因此，我们有必要首先对河南贡院的情况加以说明。

河南贡院的地理位置：从清祥符县城图（光绪二十四年，

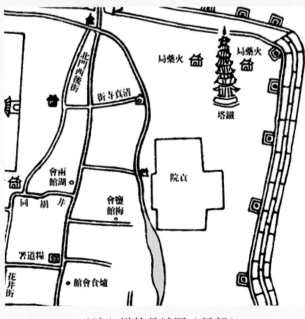

（清）祥符县城图（局部）

即公元1898年）看，河南贡院位于开封城内东北角，北临铁塔，西依惠济河，东接古城墙。占地规模：据大清雍正十年（公元1732年）所立《改建河南贡院记》碑文记载，贡院占地197亩，基地形状为南北略长、东西稍窄、中部略有东西向凸出的不规则矩形。据测算，基地南北为466米，东西最窄处241米，最宽处360米。建筑格局：据河南留学欧美预备学校第三届英文科学生涂心园回忆，他1918年入校时学校大门（即贡院大门）坐北向南，是一个颇为宽阔的三间大殿式建筑，右边为传达室，左边为招待室，中间为出入通道。贡院门前有一广场，靠南建一高墙，叫作"迎壁"，是秋闱标示告白张贴处。院内一排一排秋闱试场，上边嵌有天地元黄等字样，每排二十间，每间约八尺深、四尺宽。屋内正中横置一木板作为书桌，下放一木凳。建筑规模：根据碑文记载：当时有号房9000间，工所75间，总投资25556两化银，建筑面积约41775平方米（其中号房推测4.5平方米/间，工所17平方米/间）。开竣工时间：雍正九年七月二十七日动工，雍正十年五月十二日竣工。建筑形态现无资料可考，从北京贡院考棚照片推测看，建筑为青砖灰瓦，屋顶为长短不等（鸭式帽）双坡顶，从砖规格推测，号房宽1.5米、深3米（前后檐口），前檐高2米，脊高2.7米，排与排之间通道宽1.5米，空间极为狭小。

北京贡院考棚（1900年）

贡院碑的保护

贡院碑

　　两通贡院碑虽说历史悠久，意义深远，但由于时代变迁，战火连绵，一二百年间早已被肢体分家，横躺在地，埋于草丛之中。河南大学文学院刘曾杰教授回忆说："建国后，师生们整理校园，将其从乱草丛中抬出，置于路边作为石凳，方便师生休息和学习之用。" 较早呼吁保护贡院遗物的人，是我校张邃青教授。刘增杰先生至今还清楚地记得，张邃青老师当年指着散落在校园的石碑说："这可是好东西，得想办法把它保护起来"。张邃青是著名历史学家，他长于宋史研究和河南地方史研究，"中央研究院"院士石璋如在《河南大学与考古事业》一文中，称张邃青"特别注意古物出土的消息，自古至今（截至"民国"十九年）约有十数次的发现。……以上种种均由张先生考据、研究、记入讲义，或口述由学生记录。对河大文学、史学系同学之考古研究，启迪良多。蔚为河大考古学之精华"。张邃青时任开封市副市长，他亲自提请市长办公会议研究，拨出专款在河南贡院旧址择地修建了两座红柱灰瓦四角攒尖顶碑亭，把两通贡院石碑树立于内，并将散落的碑额、碑座等找回，

重新树立起来，完整地保护了这一珍贵文物。1960 年 10 月，文化部派专人来汴调查石刻，张邃青教授向他们介绍了重修河南贡院碑记，以及开封市有名的石刻如挑筋教碑、女真国书碑、禹庙碑等。1963 年 12 月 23 日，贡院碑被开封市人民委员会公布为开封市文物保护单位。从此，它历经风吹雨打、人世沧桑，巍然矗立于此。

　　在河南贡院基础上成立的河南留学欧美预备学校，作为发轫于中原大地上第一所得风气之先的现代性大学，即今日之河南大学，一百年来为中原、中南乃至全国的经济建设和社会发展做出了应有的贡献，记载着河南贡院兴衰的贡院碑也被妥善保护起来，成为河南大学校园内的一处风景。1984 年为适应新时期办学需要，改善办学条件，学校动工兴建外语楼、地理楼，原先仅存的贡院号房大部被拆除。1998 年出版大楼招标兴建，最后三排贡院旧房也被夷为平地。从此，只有两通贡院碑在向人们诉说着河南贡院过去的辉煌。2002 年为庆祝河南大学建校九十周年，学校决定重建贡院执事楼，地点就选在贡院碑的东侧，为两层楼房，坐东朝西，上下各六间。恢复重建的执事楼与贡院碑遥相呼应，形成颇具历史价值的新景观。2008 年，河南省人民政府以豫政（2008）36 号文件核准公布了河南省第五批文物保护单位 283 处，河南大学明伦校区内的河南贡院碑以其较长的历史和较高的建筑艺术价值名列其中。

（清）河南贡院——执事房

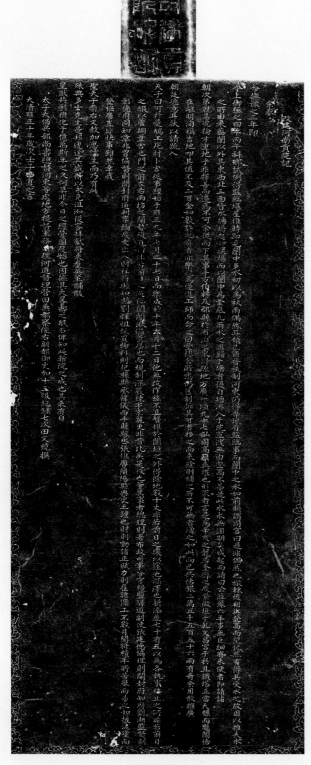

改建河南贡院记

改建河南贡院记

　　余奉命抚豫之三年，即今上御极之四年丙午科乡试，例得监临场屋。惟时即见闱中多水，初以为秋雨偶然耳。越己酉，晋秩制河东，仍得专豫省监临事，而闱中之水如前。顾谓同官曰：是非偶然也。撤棘后相与登高而望，恍然有得其受水之故。因以推夫水之所由来。盖闱以外，其东西北三面皆水塘，埒起如环塘，而以闱中为釜底。几雨水之汇归于塘者，复自塘渗入于院宣泄无由，垫高不易，是此水永无涸期矣。咸起而请曰：公莅豫六年事无巨细，有未便者即请诸朝，次第就易，况抡才重地乎？非择善而迁焉不可。余从而，下其事于方伯转及郡县，于省治之东得隙地，方广一顷九十七亩，固高原爽垲也。形家者言是为辛亥之龙，居奎壁之度。紫薇垣于乾，文昌宫于巽，且铁塔正当天禄，而魁阁恰在离明，洵称吉地。叩其值不及二百金，如数许之，有者亦乐。从马遂进工师而命之曰：堂楼舍所悉仍旧制，拆其可者移之而来，余则补之。所不可无者增之。如此而已共估银二万五千五百五十六两有奇。余用敢推广朝廷德意，具状以请疏入天子，曰可。于是鸠工庀材，卜吉从事。经始于雍正九年七月二十七日而乐成于十年五月十二日。他无改作，兹不具赘。惟于闱垣之外得余地数十丈，非若前日之环以洼地深池也。新添屋七十有五，以为各执事楼止之所，非若前日之缀以芦棚苇舍也。门之前左右两坊之间势复宽行，非若前日之逼临阛阓湫溢嚣尘也。而规制深严，栋宇宏丽，更非昔比矣。是役也董其事者：总理则署布政司事分守粮监驿道副使张建德；协理则开封府知府刘湘；监督则彰德府同知章兆曾；协督则开封府通判李纶；度支出入则祥符县知县刘辉祖；采买物料则杞县县丞韩仪、西平县县丞张惟唐、兰阳县典史王钟也。财则动诸正赋力则雇诸佣工。不数月间，将积年所苦举而易之，如拔泥途而登衽席，岂非快事！虽然幸我，圣天子崇右文教，加惠儒生。乃有此殊典多士克生是邦，遭逢其盛。得以永免沮洳从容拜献，将来群英辈蠲皇猷，共彰推化于亿万斯年之久，何莫非今日之经营图度始也？因抚其大略，寿之珉石，俾知此新院之成也其来有自。

太子太保兵部尚书总督河东等处地方提督军务兼理河道督理营田兼督察院右副督御史加十三级记录七次田文镜撰

大清雍正十年岁次壬子季夏之吉

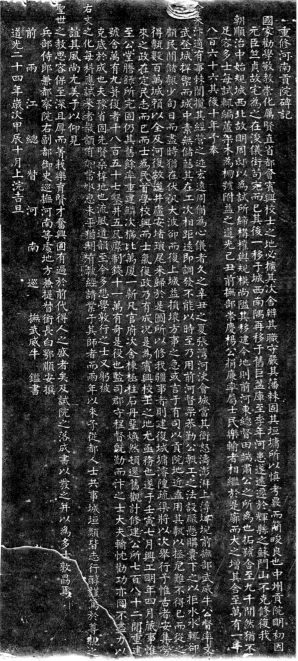

重修河南贡院碑记

重修河南贡院碑记

　　国家劝学敬教，崇化历贤，直省都会宾兴校士之地。必阔其次舍，办其职守，严其藩棘，固其垣墉，所以慎考核而简畯良也。中州贡院，明初因元臣竺贞故宅为之，在浚仪街苟完而已。其后一移于城西南隅，再移于旧居盈库。至季年河患，遂远迁于辉县之苏门山，不克修复。我朝顺治中，始归城西北故明周邸。以为试所，缔构权舆，规模尚隘，其移建今地，则前河东总督田端肃公之所为也。拓号舍至九千间，然犹不足容多士，每试辄编芦架木为棚号附益之。道光己丑，前抚部崇庆杨公捐廉，率属士民乐输者，相继于是，阔而大之，增其舍至万有一千八百六十六。其后十年，予奉命来汴，适有事棘闱，揽其经营之迹，宏远周备，为心仪者久之。辛丑之夏，张弯河决，会城当其冲，怒涛澎湃，上薄埠堄，前抚部戴威牛公督率文武，登城捍御。而城中素无储，其在工次相距远，即调发不能以时至，乃用前河督粟恭勤公砖工之法，设厂悬购囊下之，以拒水。水辄却。顾民间储砖少，旬日而尽。时犹在伏汛，大波却而复上，城益损坏，方事之急，或言于有司，以贡院地近，盍用其砖？以拯危难。不得已而从之。得砖数百万，城赖以全。及河复故道，井庐安堵？琐尾来归，于是图所以修我疆来者，则建复城墉。睿隍疏渠，将以次举行。予性古者安集劳来之政，在定民志而已。而士为民首。学校兴而士气复，政乃有成，况是为宾。兴校士之地，尤亟务也。遂于壬寅七月只工，明年四月，藏事性至公堂，录所完，固仍其旧，余率重建，鳞次栉比，万厦一新。凡农府次舍，栋极桂石，丹垂焕然，顿还旧观。计修建工所七百八十二间，重建号舍万有九。葺复者千八百五十七，凿井五。凡糜制钱十一万有奇。是役也，监司郡守既勤，而汴之士大夫，输忱劝功，亦罔不尽力，以克底于成也。夫豫省固先贤亲梓地也。流风伊韵至今，多懋学敦行之士，又躬被右文之化，每科应试，来诸岁额有加。当水患来年，犹闻有执经请业于其师者，而两年以来，予从都人士共事城垣，类皆志行醇谨，笃于尊亲之谊。诸其风尚尤美，于心仰之，圣世之教思，容保至深，且厚而青义，乐育贤才奋兴，固有过于前代，得人之盛者矣。及试院之落成，书以发之，并以为多士敦勖焉。

　　　　　　　　兵部侍郎兼都稽院右副部御史，巡抚河南等处地方
　　　　　　　　兼提督衔长白萼顺安撰
　　　　　　　　前两江总督河南巡抚武威牛鉴书

　　道光二十四年岁次甲辰十月上浣吉丑（1844 年）

河南大学近代建筑群（1915—1952）

时代背景

河南大学近代建筑群所映射出的文化现象作为中国近代建筑发展中的重要缩影；同时地处中原地区的地缘影响，展现了一定的时代性特征。因此，只有将河南大学近代建筑置于中国近代社会发展的大背景下去考察，才能弄清楚隐藏在建筑表象之下的建筑实质，理清其形成和发展的脉络，看清西方文化对河南大学近代教育建筑的影响因素。

近代中国的社会和民众对西方文化的心理和态度，经历从早期的排斥，到中期的崇尚，再到后来的客观审视的变化过程。从利玛窦东来到清廷禁教一百多年中，由于对于来自西方的威胁缺乏真实的感受和预见，学术界虽承认并采纳西人天文、算学的成就，但域外文明的知识被认为是不足为信的海外奇谈，"奇技淫巧"而已，至于道德教化则远逊于中华，国人的华夏中心观并未受到冲击。两次鸦片战争失败后，中国出现了严重的民族危机。以洋务派张之洞为代表的进步人士倡议"师夷长技，中体西用"以求救国之道。甲午战争及庚子国变后，中国民族危机进一步加深，"媚洋学洋，体学不二"成了救国的唯一寄托。辛亥革命和五四运动举起了民主和科学的大旗，在"效法欧美，引进西学"面前，社会各界对中国传统文化进行冷静理性的思考，学习西方科学和捍卫民族文化传统成为时代的最强音。随着近代中国建筑文化意识的觉醒，形成了这样一种普遍的文化心态：建筑就是文化的表现，所以建筑就代表了一个民族，也最能反映一个民族的兴衰。因此，为了挽救民族危机，就应当提倡民族形式。但是，国人又不得不承认，西方的建筑文化是对中国建筑文化的有益补充。虽然"中国固有式"在中国特有的社会背景下产生，主旋律是复古中国传统的建筑文化，但是毋庸置疑却是受西方建筑文化的影响。这是当时社会复杂的文化心理在建筑上的反映。近代建筑作为近代文化的有形载体，传承和记录着这一实践和探索的风雨历程。

历史沿革

河南留学欧美预备学校是于1912年在李时灿、陈善同、林伯襄等为代表的进步人士的推动下创办的。预校东临城墙，西与河南省议会的红色拱形会议厅毗连（省议会占据的是原贡院的西半部，紧邻惠济河东岸）。学校大门口上方悬挂有一白底黑字长匾额，上书："河南省立留学欧美预备学校"十二个大字，据说是李时灿的手笔。

预校时期的校舍，就由原来的贡院加以改建而成。早期学生入校时，贡院尚残存一排排举子应试的考棚，每排约20间。预校成立时，考棚内尚能看到举子们留下的牢骚诗句，诸如"眼前三尺地，头上一线天"，"墙外蟋蟀叫，夹道萤火明"，"未登青云路，先进枉死城"等。由此可以想象当时的时令、环境和应试举子的心情。预校时期校舍比较简陋。预校西北角（即今七号楼、文物馆、小礼堂一带）有六大片平房，被划分为六个功能区，一为澡堂及诊所，二为厨房与饭厅，三为新生宿舍，四为贩卖部和图书馆，五为教室，六为花园。其中花园占地面积最大，建有荷池、假山、茅亭，各种树木花草枝繁叶茂。向南有一列花砖墙，开有月亮门一个，上有石刻"校园"二字，系第二任校长丁德合手笔。

1922年，时任河南省督军的冯玉祥将军十分重视教育，主张在河南创办大学（当时河南省还没有一所大学）。他从查抄反动军阀赵倜的财产中拨出专款作为创办大学的筹备金。当年11月，在预校的基础上成立了中州大学，1927年，河南公立法政专门学校、河南省立农业专门学校并入中州大学，中州大学遂改名为国立第五中山大学。7月，改为河南省立中山大学，1930年9月，改为省立河南大学，1942年3月，河南大学由省立改为国立。民国初年，预校校园占地面积约100亩。到中州大学时期，学校在冯玉祥将军的大力支持下，校园逐步扩充，东傍城垣，西环惠济河，北倚铁塔，南接明伦街，占地面积500余亩。至中山大学时期，南扩至近曹门，成为规模宏大的高等学府，占地增加到1104亩。

建于1915—1952年间的河南大学近代建筑群主要包括六号楼、东西斋房、七号楼、大礼堂、南大门（见附表）。六号楼于1915年动工、1919年建成，是学校第一座中西建筑风格相结合的新式建筑，虽历经沧桑，至今仍保存完好。1921年动工、1924年建成歇山顶式教学楼七号楼，日寇占领开封时曾把司令部设在该楼。1921年建成学生宿舍楼西一、二斋、东一、二斋4座楼房。1926年建成东三、四、五、六斋共4座斋房。1931年动工、1934年建成具有极高艺术价值和实用价值的大礼堂，至今仍发挥重要作用。1936年建成牌楼式大门。1952年建成东七、八、九、十斋，至此，东、西12座斋房已全部建成。

校园选址

校址选择的基本原则：有利于学校、社区、社会的互利发展；少投入、早建成，少占或者不占农田，尽量利用丘陵山坡，为校园的长期扩建留有可能性。

预校选址在河南贡院旧址，可基本满足上述原则：一是铁路修通以前，城市活动基本局限于城墙之内，城外建筑活动极少，这在早期的开封城市图中看得很明显。建于内城有利于学校和城市的发展。二是清末河南贡院有号房很多。利用原有贡院的建筑作为各种用房，能起到少投入、早建成的效果。特别是在近代中国河南经济条件不很宽裕的条件下非常适宜。三是学校的选址并没有占用农田，其地土壤盐碱不适宜耕作，况且还位于城墙之内并不适宜农业生产。四是学校同市中心有一定距离，早期城市的发展并没有扩充到学校周边，学校周边仍有大量空地，为以后学校的发展壮大提供了可能。

校址选择的具体要求：适宜的人文环境、自然景观和生态环境，良好的自然技术条件（地形、地质、气象水文等），充足的土地面积和合宜的形状，有利的基础设施：对外交通、运输、通讯、水源、电源、三废处理等。

预校所在地块也能充分满足上述要求，学校选择在清代河南贡院旧址，既满足了特定历史条件下的政治需要，同时也能基本满足河南大学的发展要求。这从河南大学近百年的发展历程中就可以看出来。

校园规划

河南大学近代建筑群总体构图、轴线组织、体量权衡、比例尺度、柱式组合、中西建筑艺术风格的融合等方面，都取得很高的艺术水平，其主体建筑居中、前门后堂、左右斋房的规划思想，明显地是对传统建筑（特别是书院建筑）布局的继承和发展，可称为扩大的四合院格局，1922年规划草图体现了这一规划思想。

当时的校园建设规划分为四区，即校本部、运动场、农事试验场、教职员工住宅。其中校本部的布局是：以大礼堂至南大门为中轴线，中轴线为交通轴和景观轴，较为开阔，沿线景观形成重复交错韵律。

主要建筑沿中轴线分布于前后左右，从楼的编号看体现西学东渐的态势：中轴线西侧为2、4、6、8、10双数，东侧为1、3、5、7、9单数。两侧建筑按功能分区，呈对称分布，南北朝向，有行列式布局的严谨，琴式布局的韵律，整体通过空间的围合，韵律节奏的塑造，为师生提供一个安静、亲切、富有艺术氛围的校园环境，体现理性与浪漫交织、秩序与诗意相容的人文情怀，实现建筑功能与形象的和谐统一，闪烁着教育建筑独有的智慧之光。是河南省高校唯一一处国保古迹，在全国高校中也是为数不多的近代优秀建筑群。中轴线道路较宽，两边通行，中间为绿化带，轴线的终端为大礼堂，前面有开阔的主广场。一、三、五号楼和二、四、六号楼又分别各自形成一个围合的小广场。东斋房东面南北一线为规划的交通干道，该干道将教学区与运动场区分开。东部运动场规划大足球场一处，外围有圆形比赛跑道，再外为阶梯形观看席。大足球场南部设有3个小足球场，北部设有13个网球场。可惜由于时局动乱、经费不足、学校变迁等原因，除建有六号楼、七号楼、大礼堂、东斋房10座、西斋房2座和南大门以外，其余都未建成。但这次规划原则奠定了河南大学校园的基本空间布局框架，在以后一百年的风雨历程中，校园规划虽有不断地扩充调整，但却基本延续了此时的规划格局。

附表　河南大学近代建筑群一览表

建筑名称	建筑数量 （栋）	建筑面积 （平方米）
南大门	1	114.5
六号楼	1	2330
七号楼	1	4350
东西斋房	12	6636
大礼堂	1	4687

建筑风格

中国近代建筑历史分期：1840—1900 年为初始期；1901—1919 年为洋风时期；1920—1936 年为中国固有式折衷时期；1937—1949 年为凋零的国际式时期。

河南大学近代建筑群建设的时间跨度比较长，从 1915 年开始建设六号楼，到中华人民共和国成立后的 1952 年建成东七、八、九、十斋房，前后经历了 37 年时间。在这些建筑中，我们把六号楼、预校大门、东西斋房称之为洋风建筑，而把七号楼、大礼堂、南大门称之为中国固有式建筑或中西合璧建筑。其所以如此，是因为从时间上说，前三个建筑建成于 1915—1921 年间（斋房仅指东西一二斋），而后三个建筑建成于 1921—1936 年间；而从建筑特点来看，洋风建筑是"拿来主义"，简单模仿的成分比较多，建筑造型以西洋的东西为主，中西结合得还比较生硬，还不够娴熟；而到了后三个建筑时期，中西文化交融达到一定高度，建筑造型以中式的元素为主，中西结合达到了珠联璧合、炉火纯青的地步。

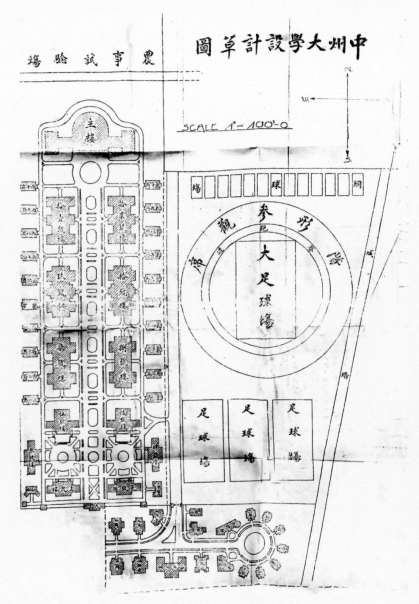

中州大学设计草图

六号楼

建筑年代： 1915—1919 年。

建筑位置： 位居校园中轴线东侧南部，距离南大门约 100 米。

建筑面积： 2330 平方米。

建筑功能： 第一座新式建筑、第一座教学活动中心、学校图书馆、河南大学出版社、《史学月刊》、《中学生政史地》编辑部、校史教育基地等，目前为文旅学院。

建筑特点： 该楼突破了中国古典建筑的体量权衡和整体轮廓，平面呈"T"形，中间部分四层、两翼三层。底层为基座，灰泥粉饰，凹凸感强，二层以上为青砖清水墙，灰泥粉窗套，西式玻璃门窗，层与层之间周围用灰泥粉水平线饰。中间部分门口设大平台直抵二层，6 根爱奥尼巨柱贯通二、三两层，柱子之间门楣和二层窗楣分别设半圆形和三角形山花线饰，四层为红色圆券柱廊，花瓶形木质栏杆小柱。屋顶中部为悬山灰瓦坡顶，两翼为硬山四坡顶。屋顶采用传统建筑简化做法，未做举折，檐口无升起，屋面传统筒板瓦，中间四层部分正、垂脊均有脊饰跑兽，悬山山面有红色木制博风板，上刻卷草图案。中间部分设东西两个入口，外设大平台，类似传统建筑的月台，南向、东西向三面设台阶直抵二层，其屋顶、墙体对称布局，中间高两侧低，颇具中国传统建筑艺术风格，而平面布局、柱式、门窗楣饰、圆券柱廊、花瓶形栏杆及灰泥线饰、窗套又为西方建筑手法，即具有中西建筑相结合的意蕴，给人以厚重稳固之感。

修缮沿革：

1951 年秋，鉴于六号楼年久失修，学校决定对六号楼进行大修。在三楼五开间有屋顶遮盖的外廊上附加了中国传统样式的方格窗，封闭外廊扩大了室内利用空间。

1981 年六号楼和七号楼一起安装了暖气，结束了明火取暖的历史。

1990 年河南省拨款对六号楼翻修屋面、油漆门窗、粉刷墙壁。

2001 年 7 月，由艺术学院教师李政设计制作的李大钊塑像在六号楼西南侧落成。

2002 年建校九十周年盛典前夕，六号楼重新进行维修和彩饰。

2003 年 4 月，为了更好地保护利用六号楼，彻底解决一、二层楼北部地板沉陷的问题，学校决定对其内部进行全面维修。

六号楼全景

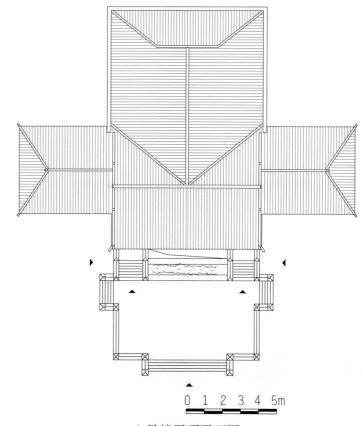

0 1 2 3 4 5m

六号楼屋顶平面图

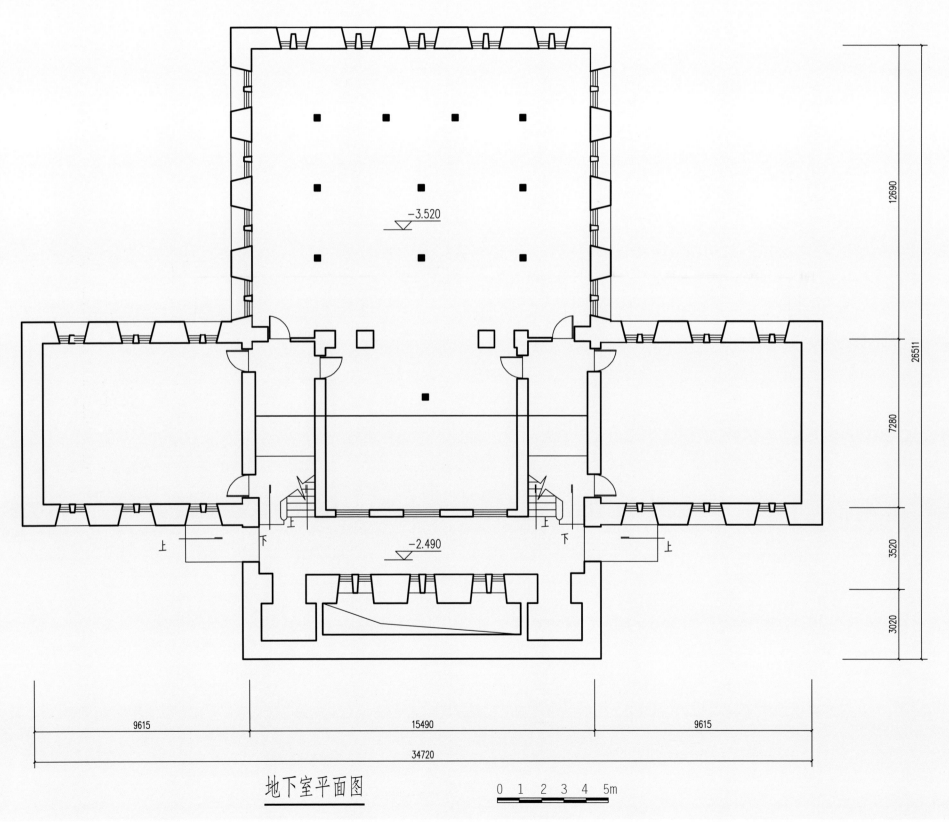

地下室平面图

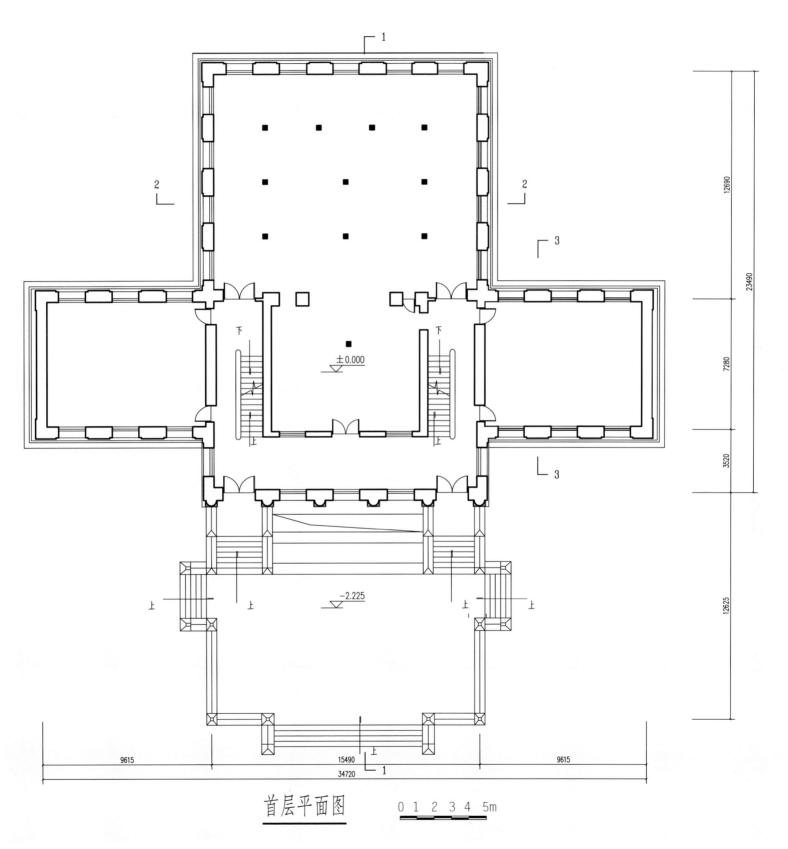

首层平面图

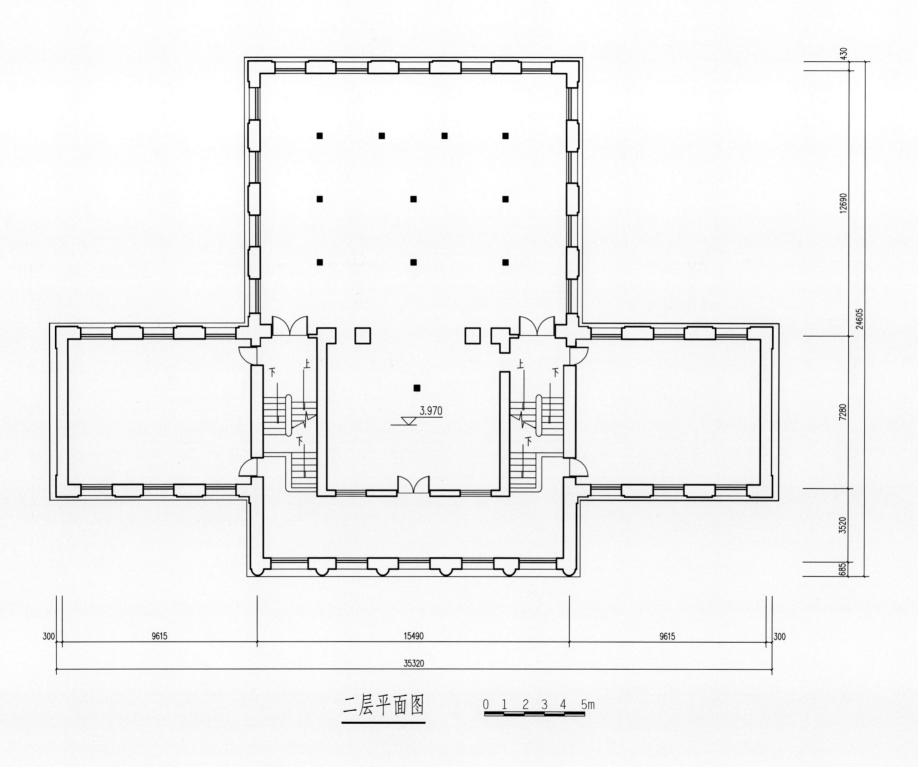

3.970

二层平面图　　0 1 2 3 4 5m

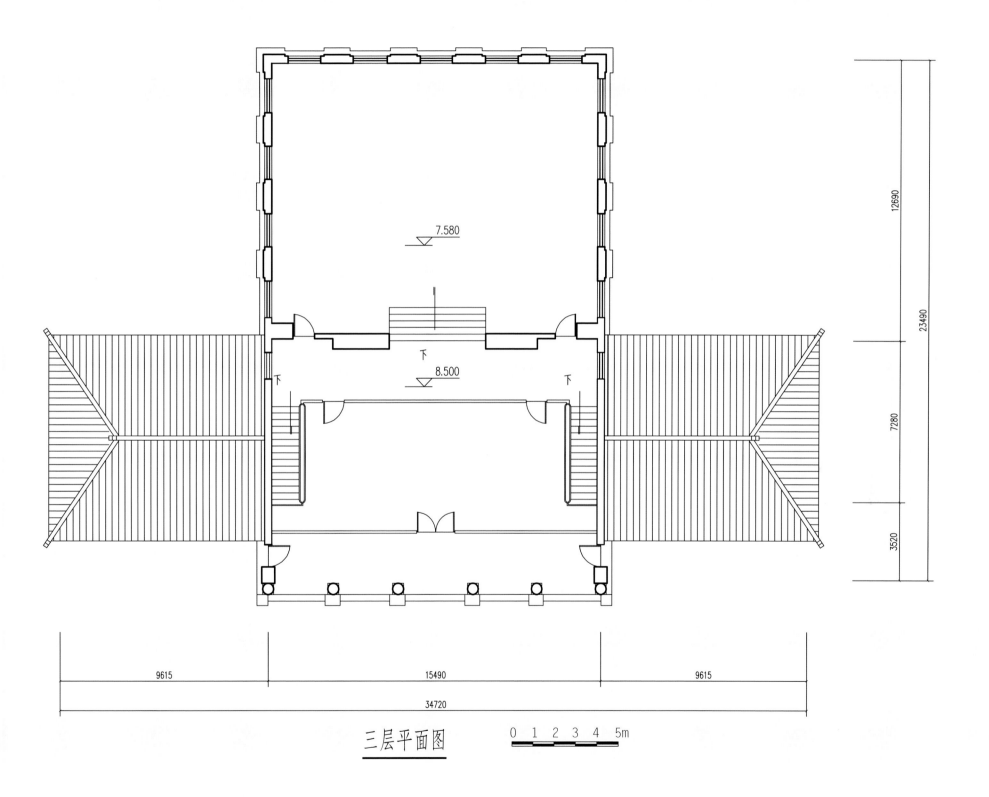

7.580

下

8.500

下   下

12690

23490

7280

3520

9615   15490   9615

34720

三层平面图   0 1 2 3 4 5m

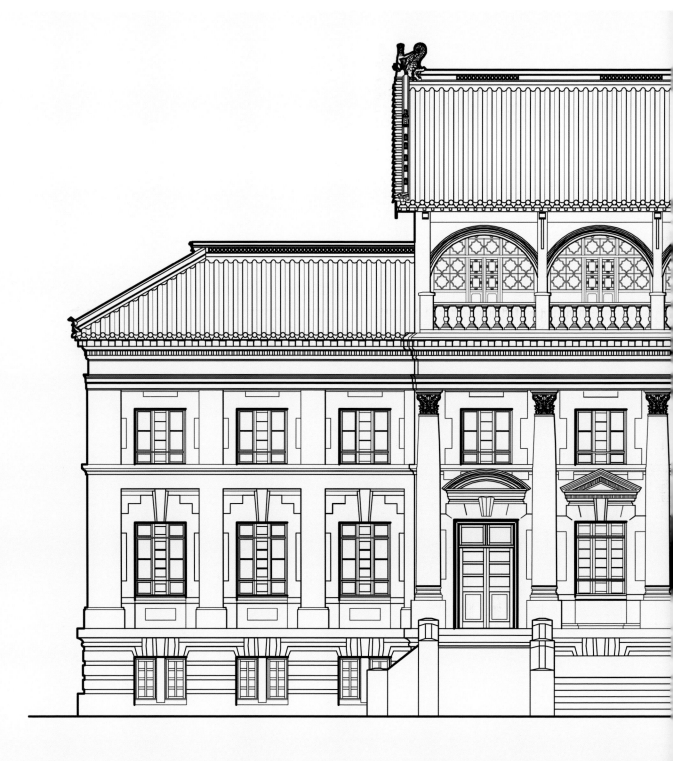

南立面图

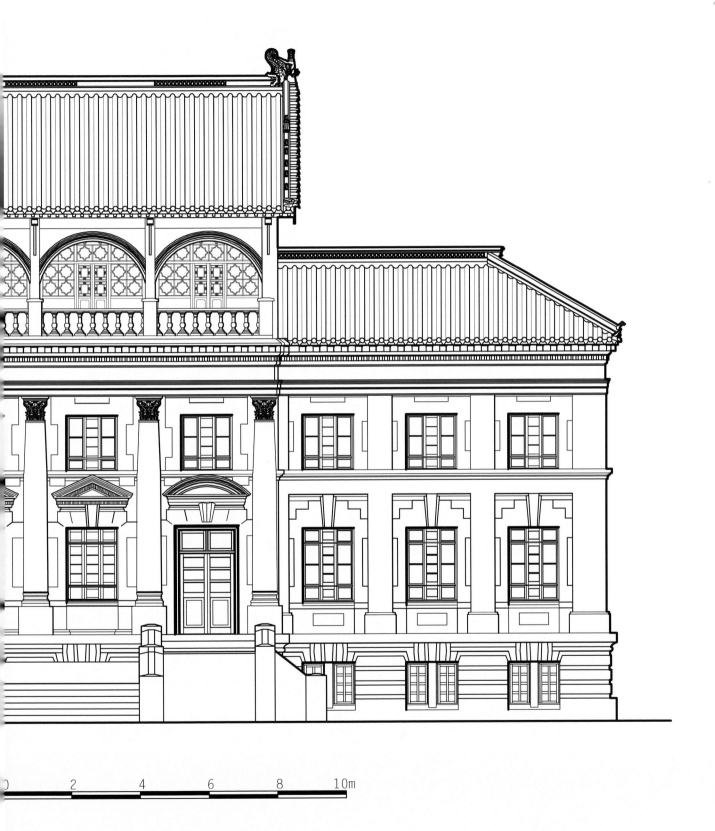

北立面图

2   4   6   8   10m

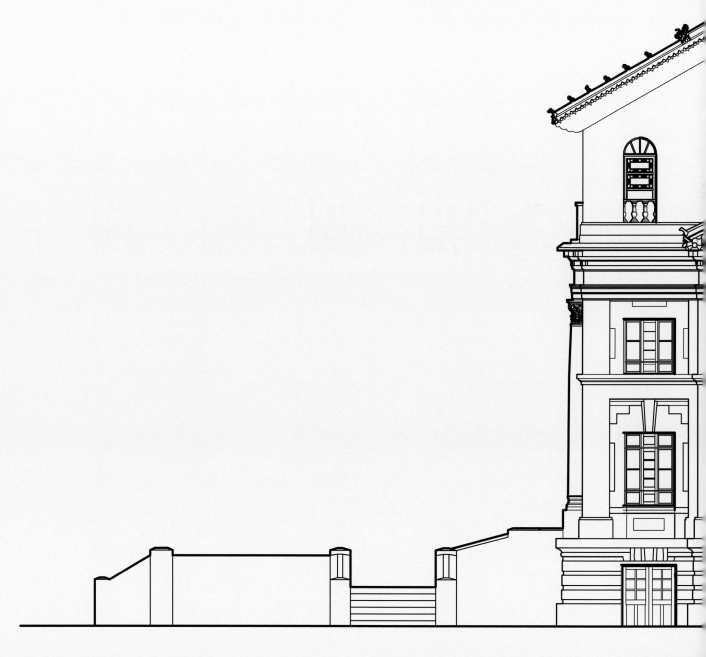

东立面图

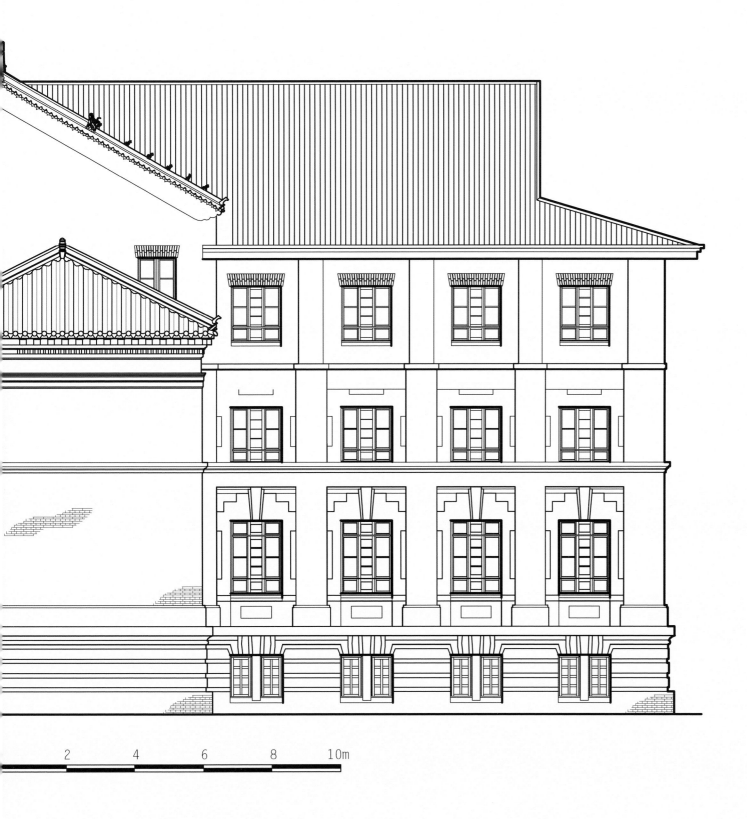

2　　4　　6　　8　　10m

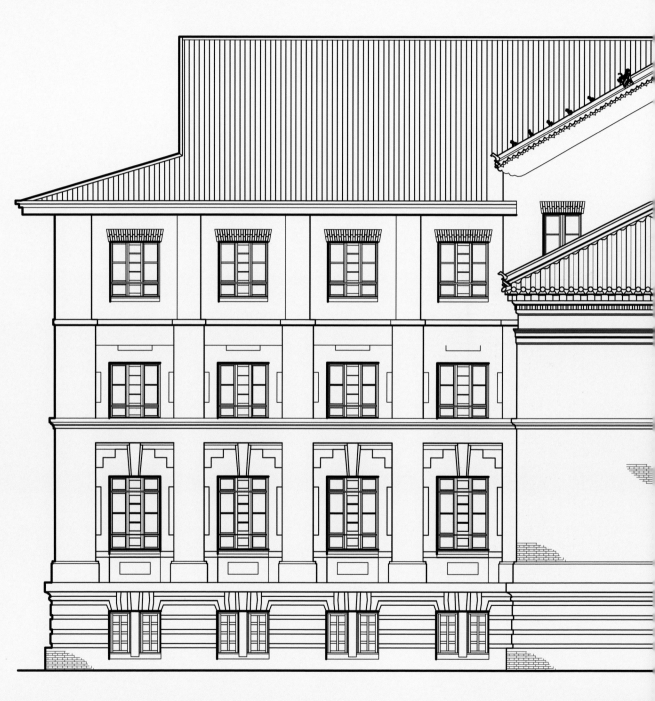

西立面图

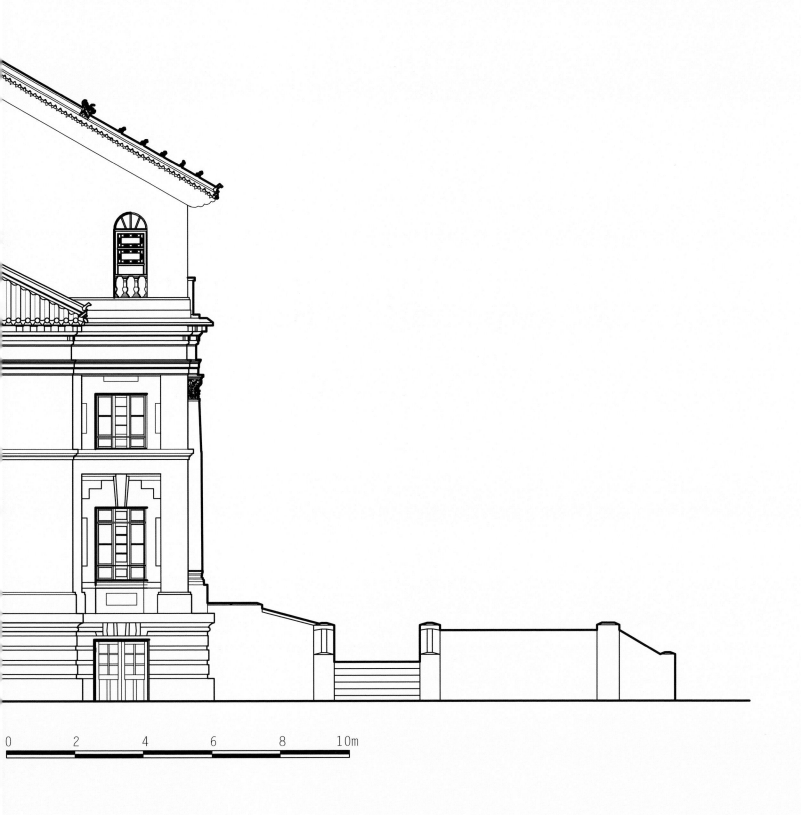

0　　2　　4　　6　　8　　10m

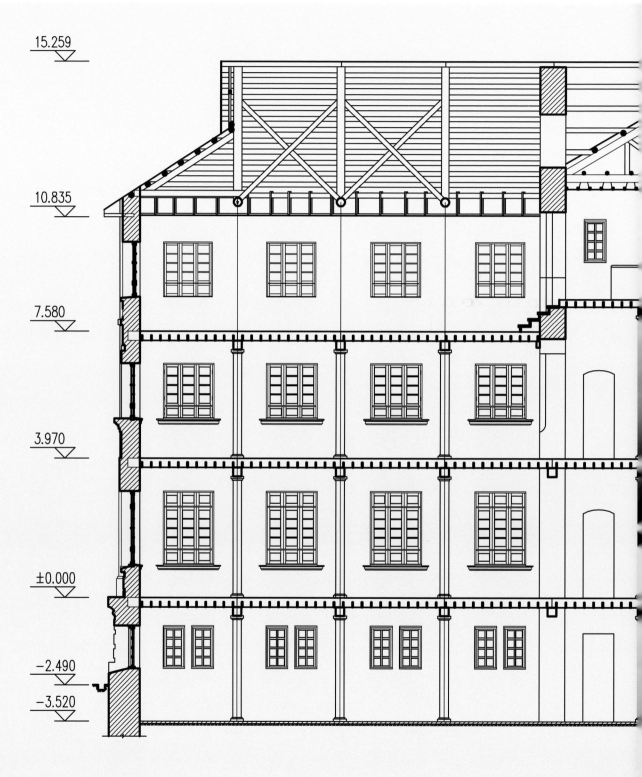

15.259

10.835

7.580

3.970

±0.000

-2.490

-3.520

1-1 剖面图

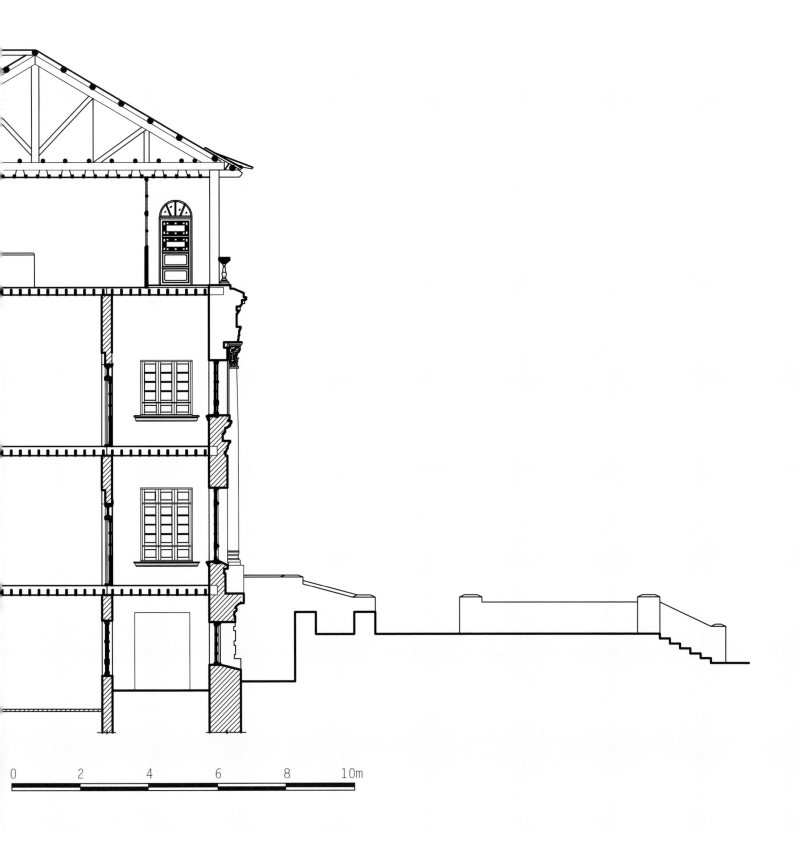

0 2 4 6 8 10m

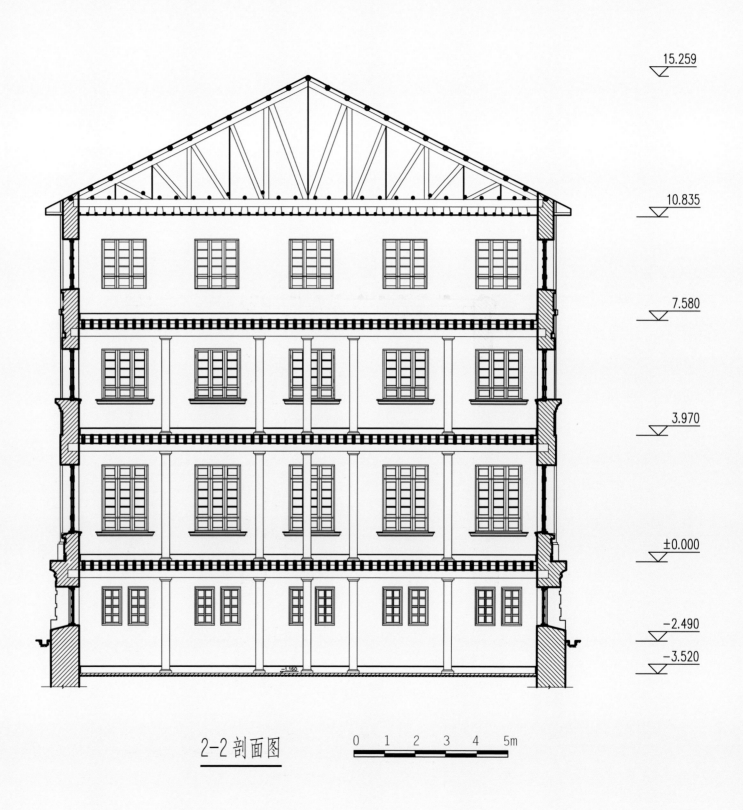

15.259

10.835

7.580

3.970

±0.000

−2.490

−3.520

2-2 剖面图

0　1　2　3　4　5m

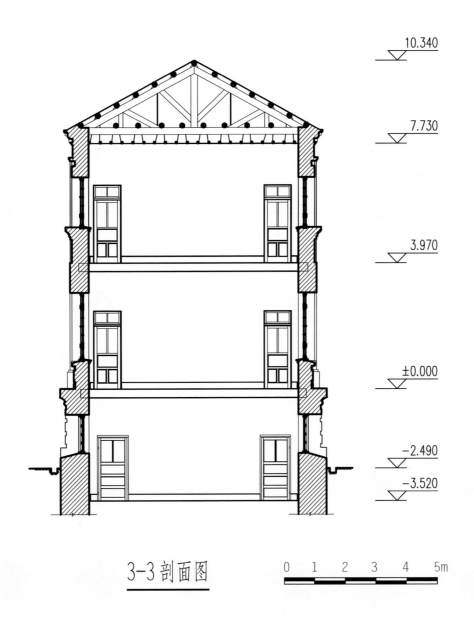

10.340

7.730

3.970

±0.000

−2.490

−3.520

3-3 剖面图

0　1　2　3　4　5m

东西斋房

建筑年代：1921 年建西一、二斋和东一、二斋，1926 年建成东三、四、五、六斋，1952 年建成东七至东十斋。

建筑位置：位居校园中轴线东西外侧，西一，二斋，东一至东十斋。

建筑面积：553 平方米 / 栋。

建筑功能：学生宿舍。

建筑特点：斋房位于南大门至大礼堂轴线之东西外侧，对建筑群起着衬托作用，同时礼堂两侧布置斋房的做法正是我国古代书院讲堂左右布置斋舍做法的延续。

斋房建筑平面一字形，均为三层，内走廊，走廊内北墙为取暖壁炉和烟道、火墙，走廊尽端为木制楼梯，每层走廊两侧各三间，二、三层尽头各有一小间，共 20 间。各层均为木制楼板，底层架空，架空处南北墙上设通风孔，避免地板因潮湿而破坏。砖木结构，屋面为横三道屋脊，屋面四周有城垛式女儿墙相围，每个斋房门口均有悬山顶垂花门罩，顶部覆以筒板瓦，两个垂花柱之间镶刻大小不等、形状各异的 30 块木雕花板，内容是梅兰竹菊、珍禽异兽，是整幢建筑的明珠。按平面布局，为山面入口，西式格局，但屋顶并没有采用南北双坡人字形，而是转化为东西三个人字形双坡顶勾连式组合，中西手法有机结合在一起，同时有利于山花处设置屋顶内的通风口。每间使用面积为 15.6 平方米，摆放四张单人床，墙上设四个壁橱供放书籍，第三层房间内窗台下地板上设有逃生钩和逃生锁，可谓考虑周到细腻，不仅功能安排紧凑合理，而且尺度亲切宜人，为当时国内学府所罕见。

东一斋正面

斋房垂花木雕

逃生钩

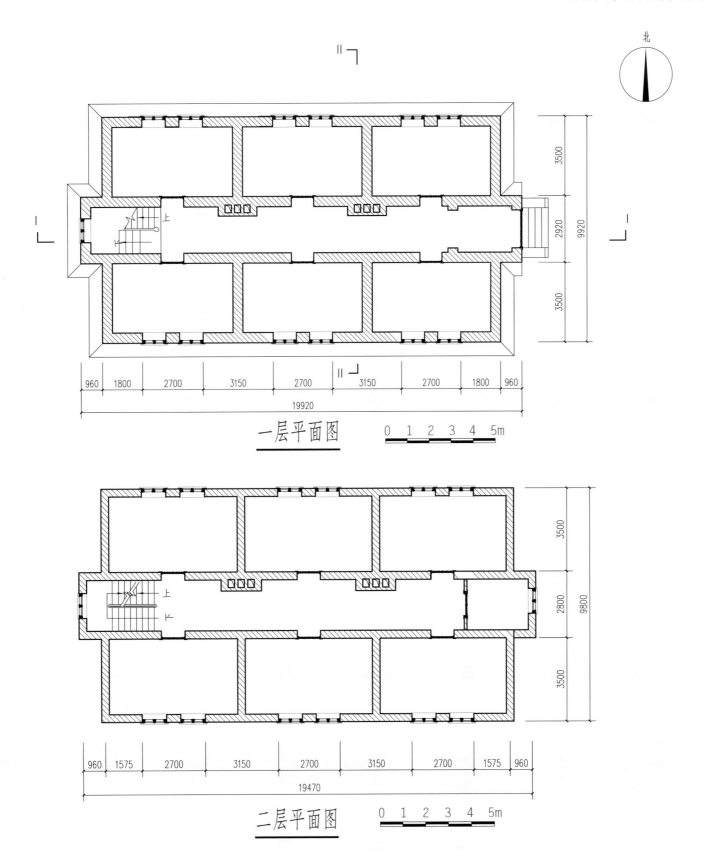

北

3500

2920

9920

3500

960 1800 2700 3150 2700 3150 2700 1800 960
19920

一层平面图   0 1 2 3 4 5m

3500

2800

9800

3500

960 1575 2700 3150 2700 3150 2700 1575 960
19470

二层平面图   0 1 2 3 4 5m

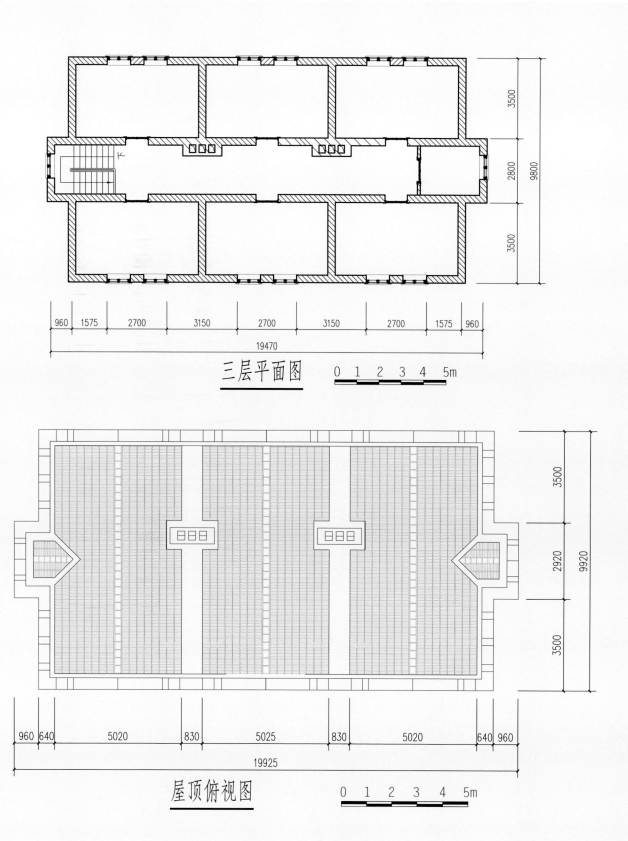

三层平面图

0 1 2 3 4 5m

屋顶俯视图

0 1 2 3 4 5m

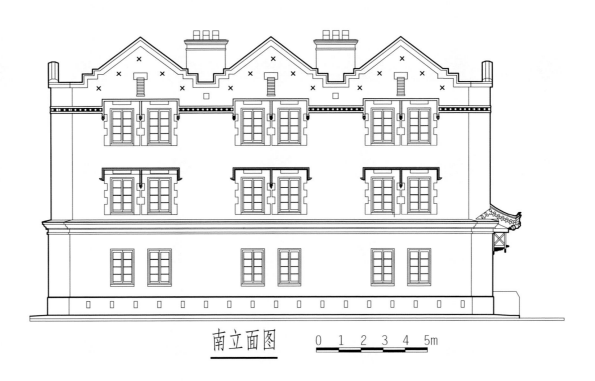

南立面图　0 1 2 3 4 5m

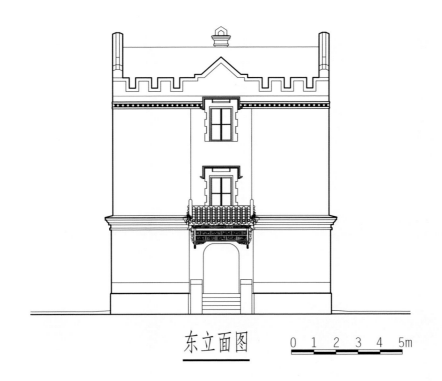

东立面图　0 1 2 3 4 5m

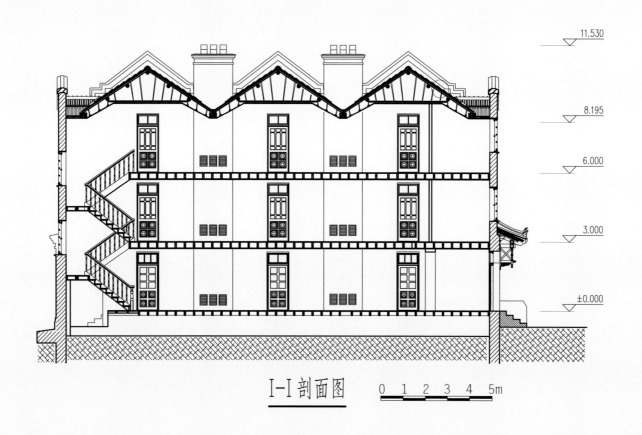

11.530

8.195

6.000

3.000

±0.000

Ⅰ-Ⅰ剖面图　　0 1 2 3 4 5m

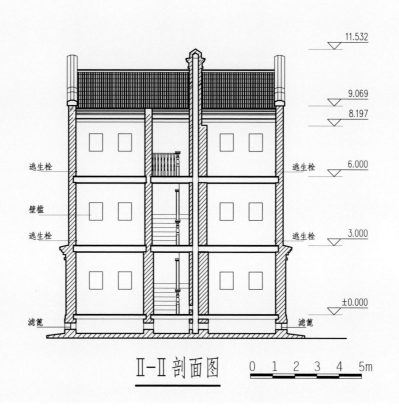

11.532

9.069
8.197

逃生栓　　　　　　　　　　　　逃生栓

6.000

壁檐

逃生栓　　　　　　　　　　　　逃生栓

3.000

±0.000

滤篦　　　　　　　　　　　　　滤篦

Ⅱ-Ⅱ剖面图　　0 1 2 3 4 5m

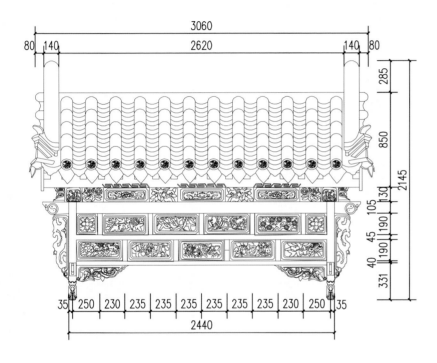

门罩正立面

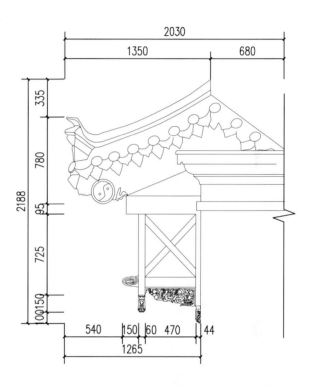

门罩侧立面

七号楼

建筑年代：1921—1924 年。

建筑位置：位居河南大学校园中轴线西侧中部。

建筑面积：4350 平方米。

建筑功能：主要教学楼。

建筑特点：楼高 3 层，其中半地下室 1 层。该楼平面南北向呈"Ⅱ"形，主入口位居楼中部东侧，3 个入口处均有歇山卷棚屋顶式灰瓦门廊，四角红漆圆形木柱支撑，鼓形柱础，门廊屋顶下有木质透雕漏花挂落和雀替，尺度轻巧通透，雅致明快。楼四周设西式木质门窗，酱红色油漆；窗间扶壁做塔什干式圆柱，贯穿二、三层，直通檐下，共 80 根，上下窗间为悬挑坡顶式灰筒瓦缠腰；歇山式屋顶四角悬挑飞檐，上置套兽；建筑四周屋顶出檐 2 米，檐下全是垂柱及彩色木雕挂落，垂柱共有 200 多个，雕刻成垂莲柱头，垂柱间镶有 2000 块做工精细、画面内容各异的透雕花板。玻璃窗上有西式折叠式遮阳装置。整座建筑为青砖砌墙，灰瓦歇山式坡屋顶，上置通风孔，整个建筑立面层次丰富，色彩明丽、装饰细腻考究，显得华丽而典雅，是河南大学"秀美"建筑的典范，既有强烈的时代特点，又不失民族传统建筑风格特征，且有极高的建筑艺术水平，是 20 世纪 20 年代中西建筑艺术紧密结合创作出的难得的建筑艺术精品。

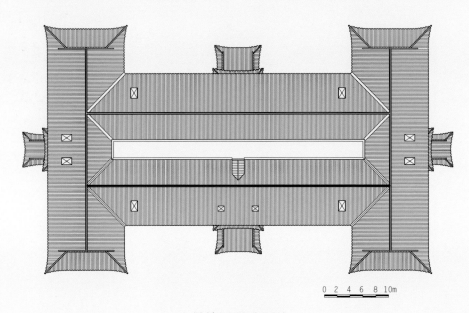

七号楼屋顶平面图

七号楼鸟瞰

七号楼南入口门廊吊顶

七号楼全景

七号楼南立面入口全景

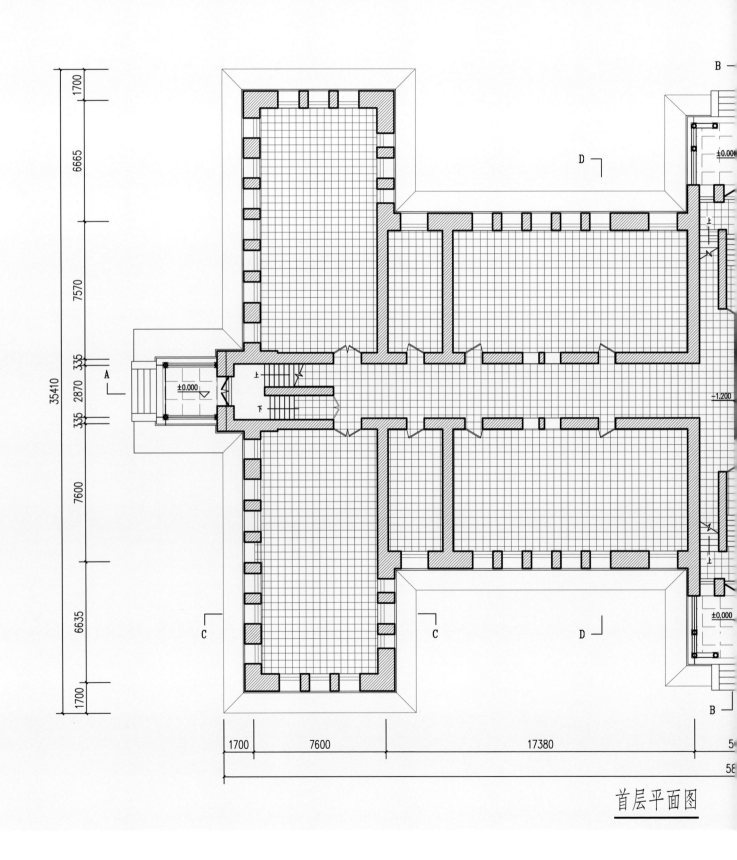

首层平面图

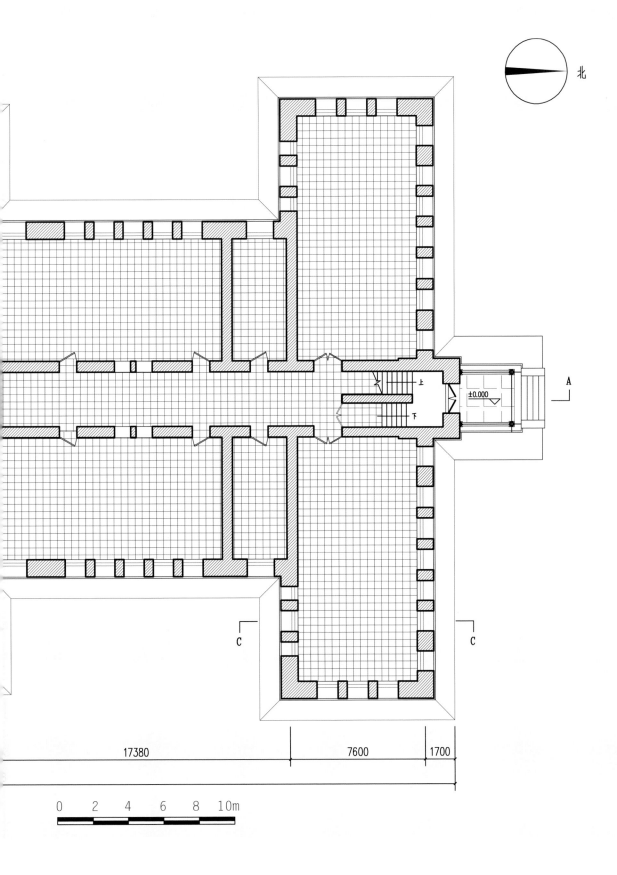

北

A

±0.000

上

下

C   C

17380   7600   1700

0   2   4   6   8   10m

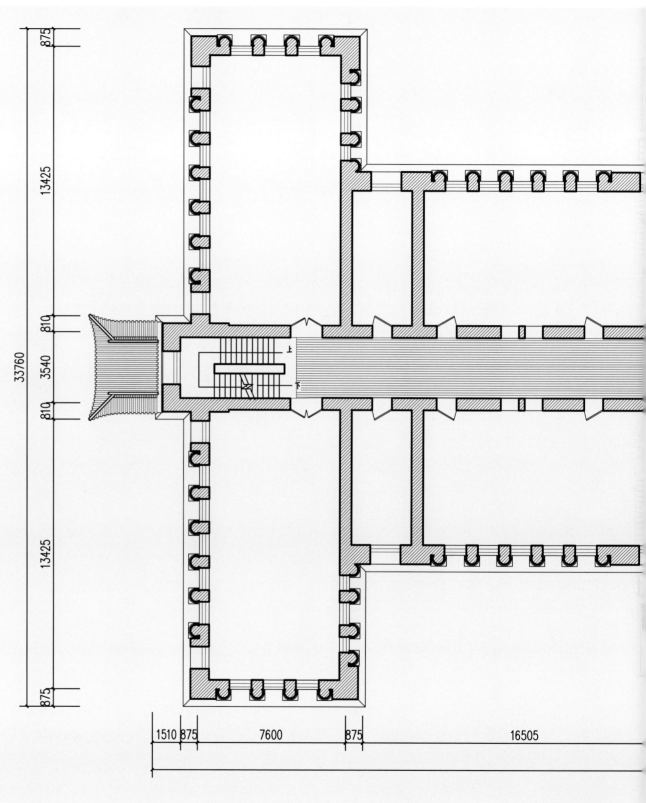

二层平面图

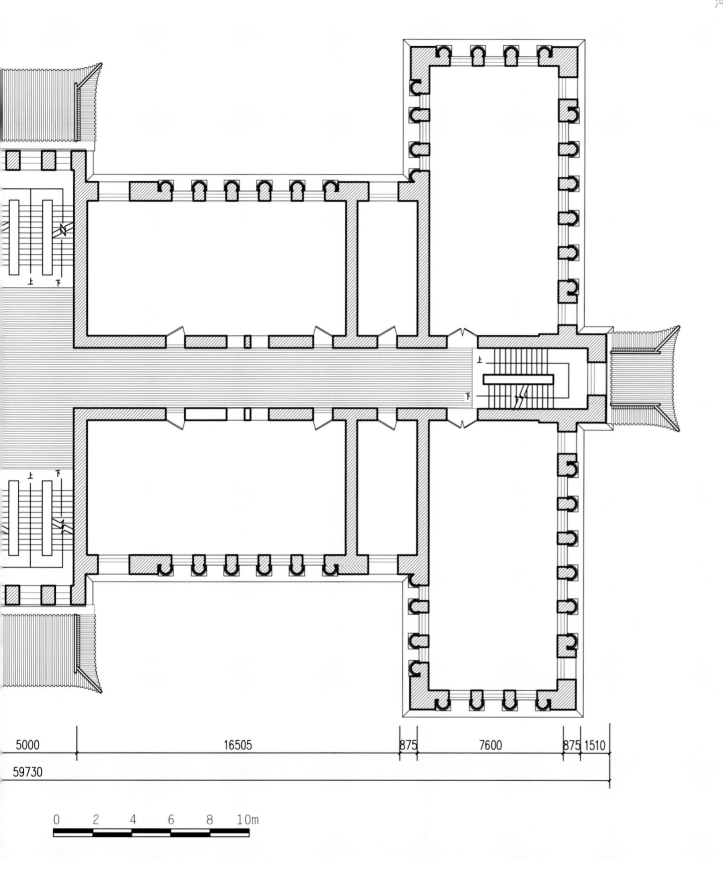

5000　　　　16505　　　875　　7600　　875 1510

59730

0　　2　　4　　6　　8　　10m

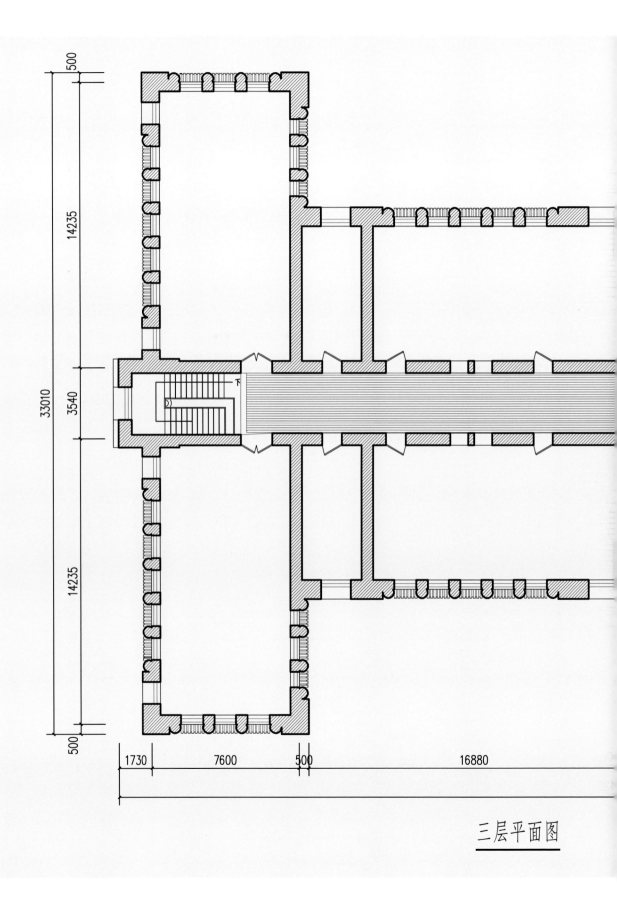

三层平面图

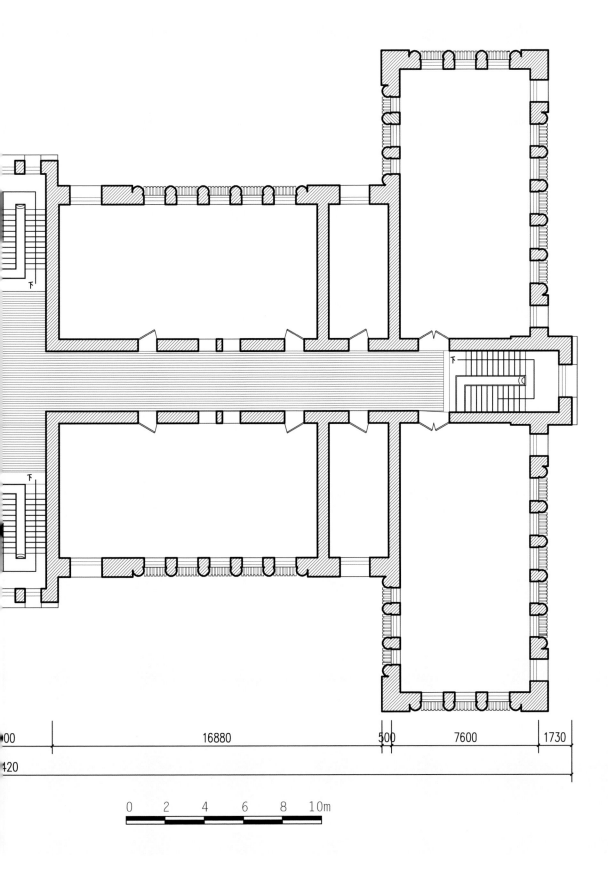

16880   500   7600   1730

420

0   2   4   6   8   10m

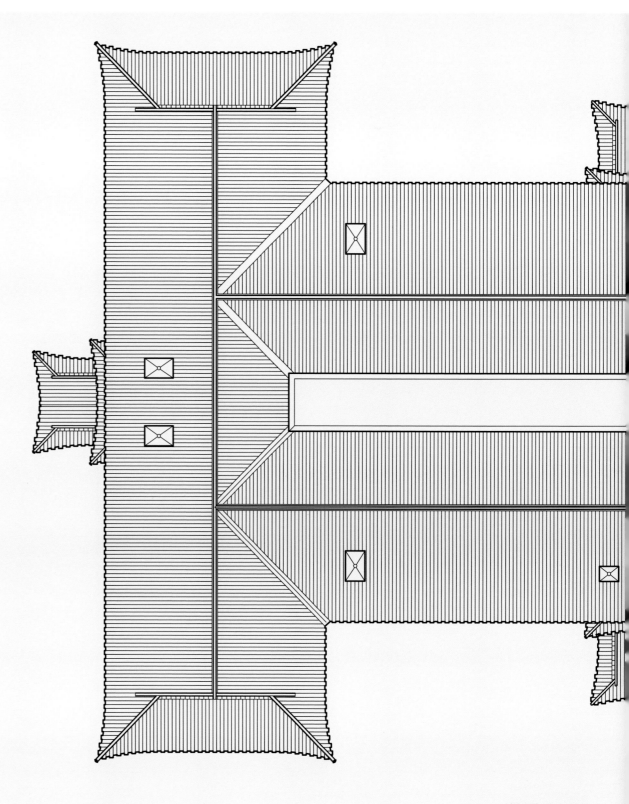

屋顶平面图

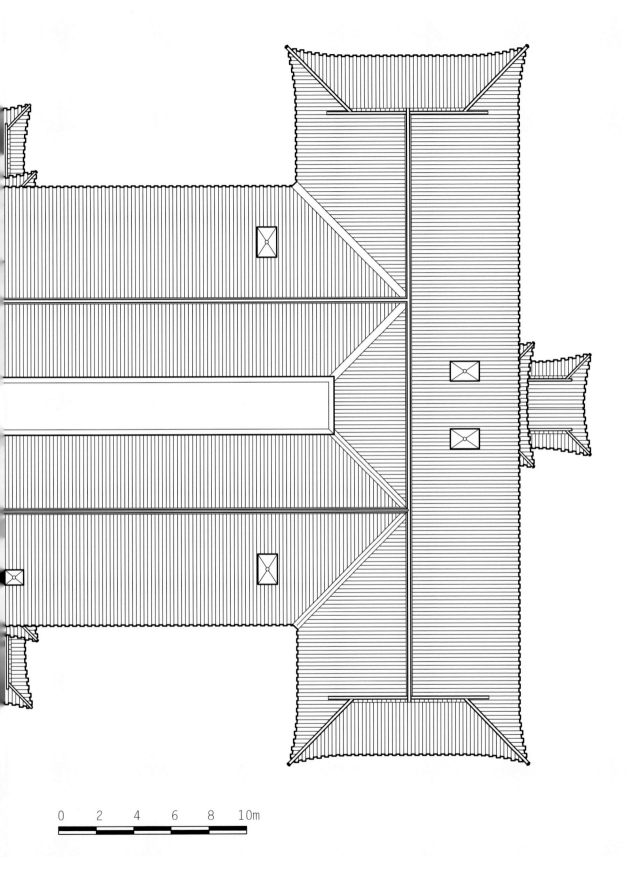

0   2   4   6   8   10m

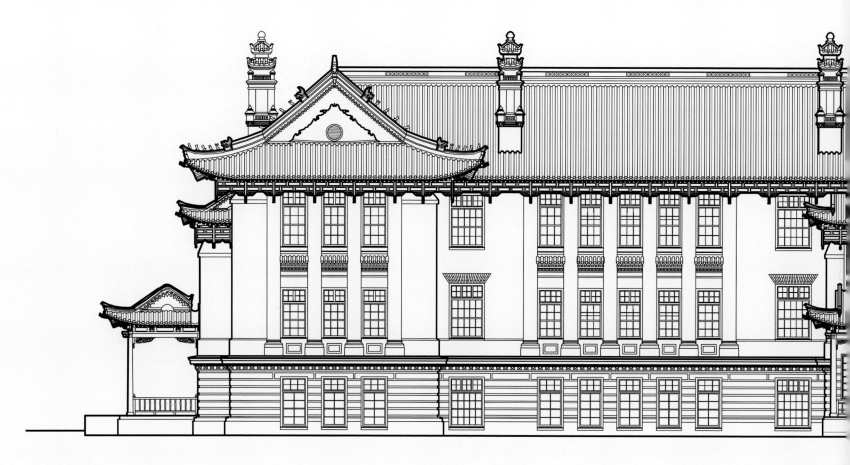

东立面图

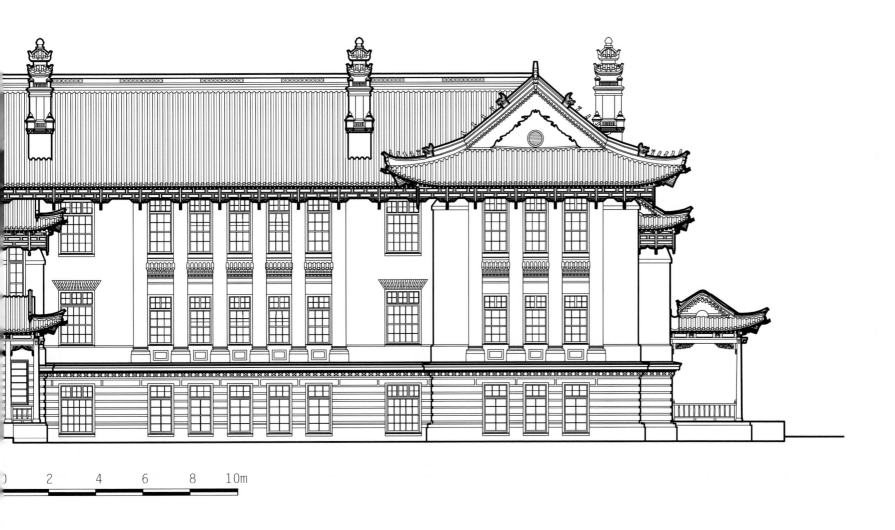

0　　2　　4　　6　　8　　10m

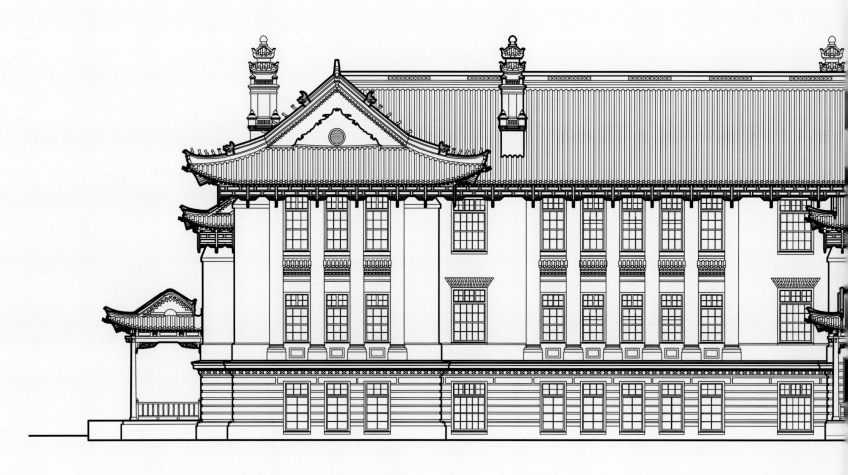

西立面图

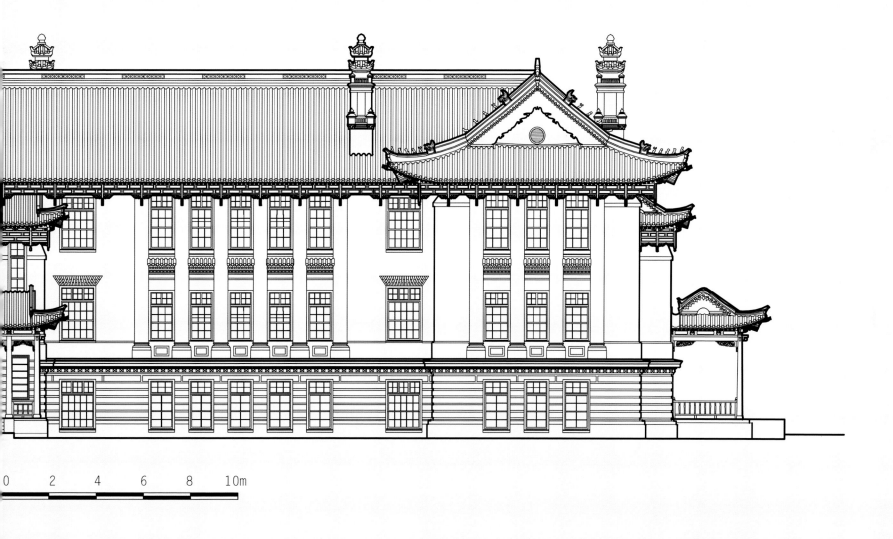

0　　2　　4　　6　　8　　10m

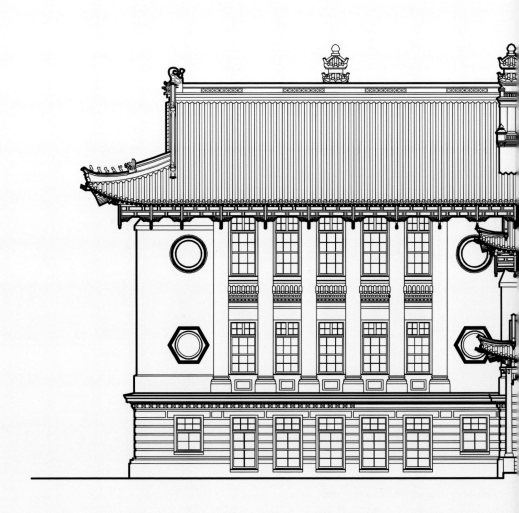

南北立面图

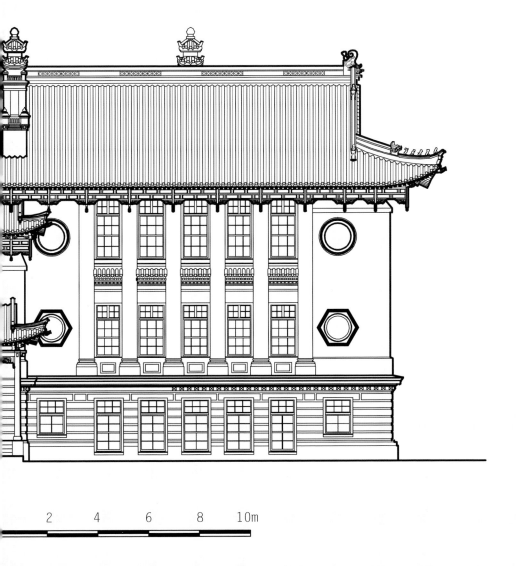

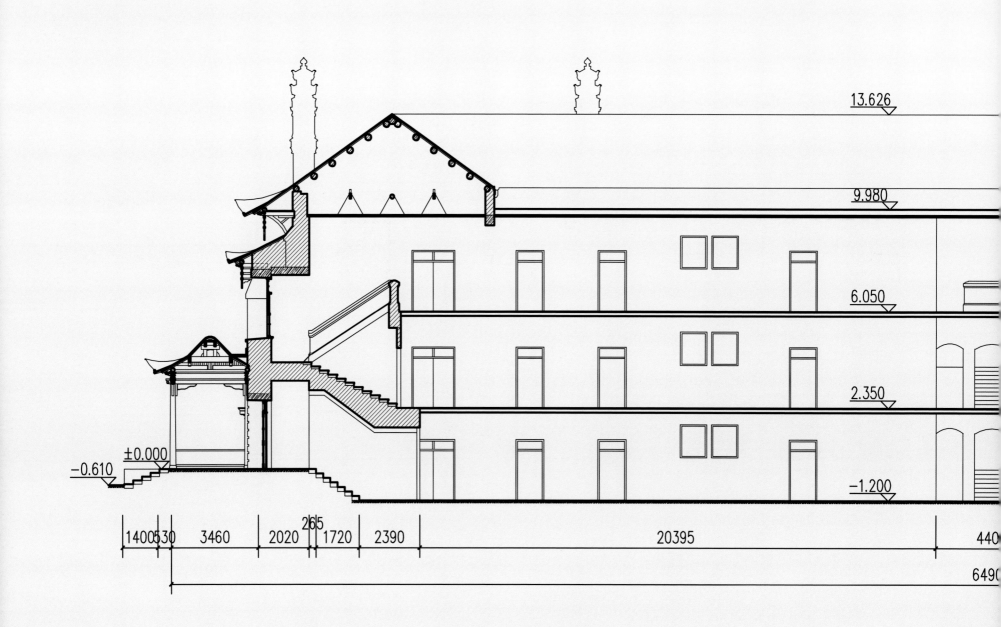

13.626

9.980

6.050

2.350

±0.000
−0.610

−1.200

1400 530　3460　　2020　265　1720　2390　　　　　　　　　20395　　　　　440

6490

A-A 剖面图

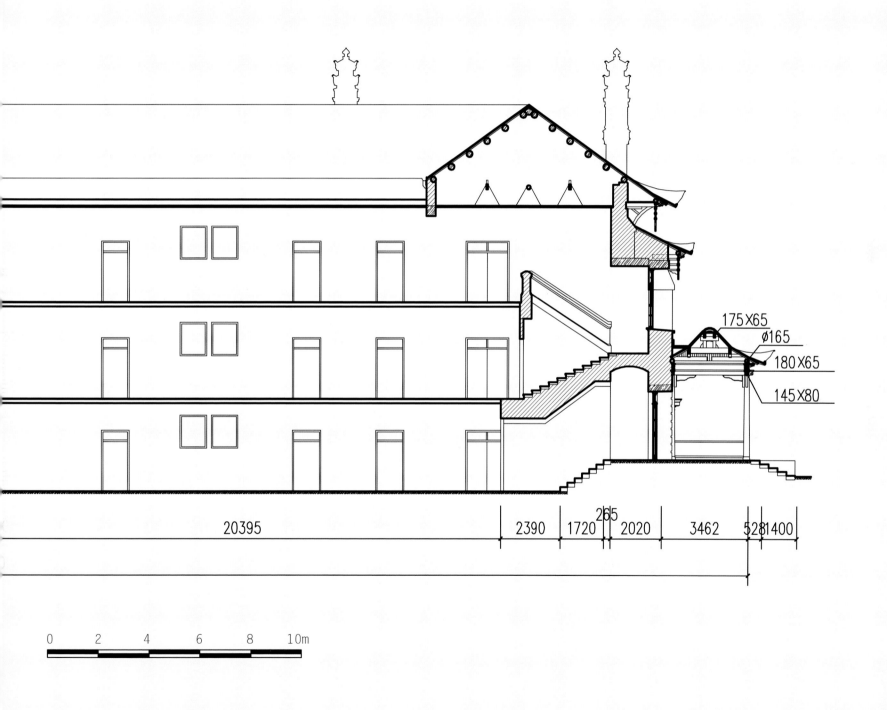

175×65
ø165
180×65
145×80

20395   2390   1720   265   2020   3462   528 1400

0   2   4   6   8   10m

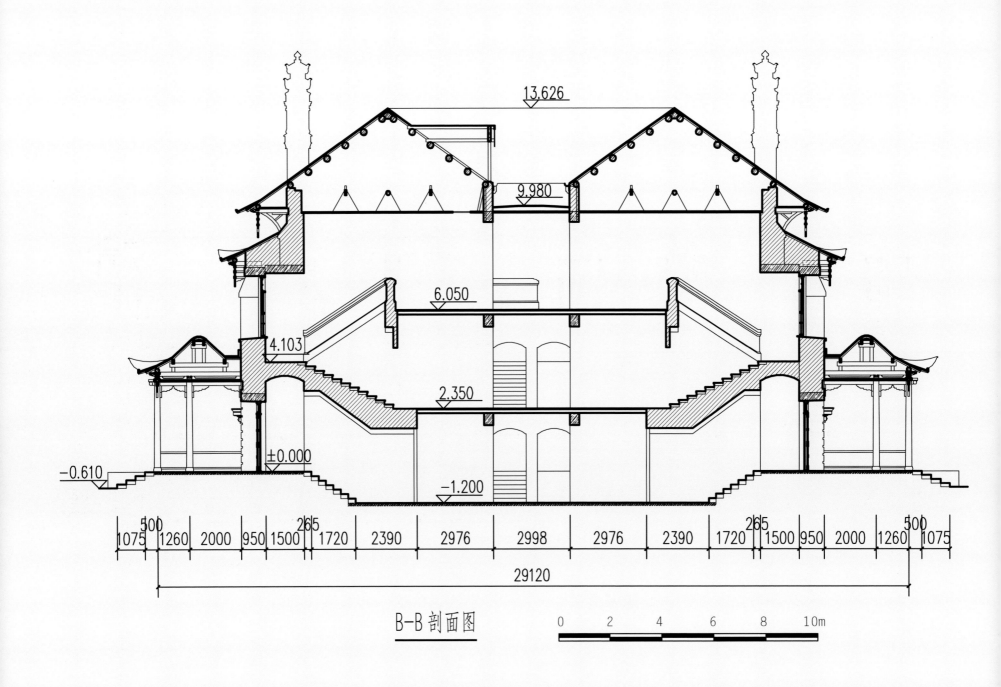

13.626

9.980

6.050

4.103

2.350

±0.000

−0.610

−1.200

| 1075 | 500 | 1260 | 2000 | 950 | 1500 | 265 | 1720 | 2390 | 2976 | 2998 | 2976 | 2390 | 1720 | 265 | 1500 | 950 | 2000 | 1260 | 500 | 1075 |

29120

B-B 剖面图

0　　2　　4　　6　　8　　10m

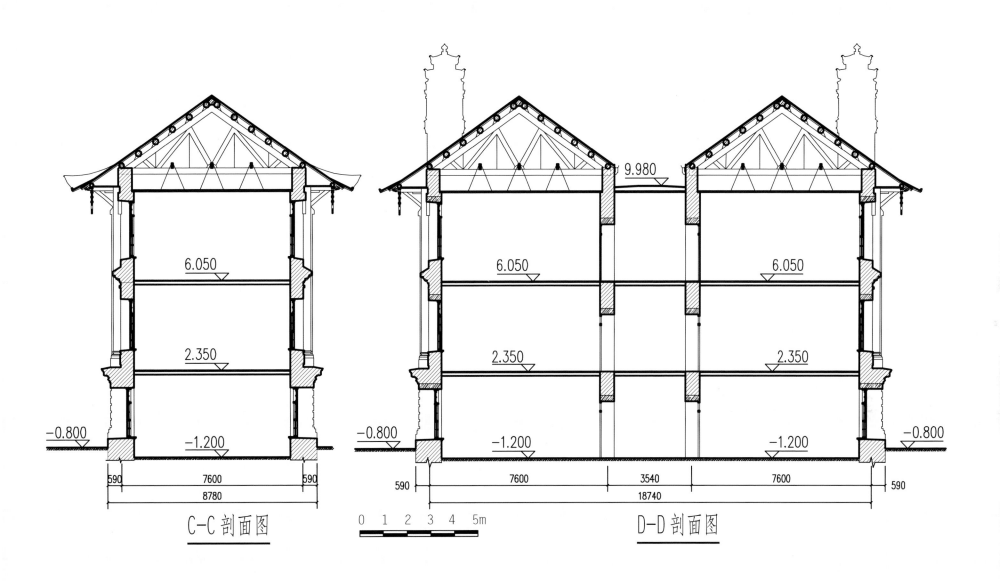

9.980

6.050

6.050

6.050

2.350

2.350

2.350

−0.800

−0.800

−0.800

−1.200

−1.200

−1.200

590   7600   590

8780

590   7600   3540   7600   590

18740

C-C 剖面图

0 1 2 3 4 5m

D-D 剖面图

大礼堂

建筑年代：1931—1934 年。

建筑位置：位居校园南北中轴线和东西轴线的交汇点上。

建筑面积：4687 平方米。

建筑功能：礼堂。

建筑特点：大礼堂位居校园南北主轴线和东西轴线的交汇点上，是一座宫殿式建筑。占地面积 3932 平方米，南北长 73.75 米，东西宽 53.75 米，高 24.4 米，总建筑面积 4687 平方米。功能布局方面：整座建筑平面按功能安排，将门厅、观众厅、舞台三部分沿南北中轴线布置。主体空间为观众厅，有观众席 2816 个，看台分池座、楼座，上下两层布置，地面均按视线要求做了起坡设计，四周墙面也做了声学的考虑，视觉、听觉效果良好；大玻璃窗，窗户面积为墙体面积的五分之一，采光十分充足；观众厅外围 U 形走廊包绕，上下 2 层，设楼梯 6 座，出入口 7 处，既满足隔声要求，又满足疏散要求。门厅为接纳组织人流的交通枢纽空间，东西两部楼梯组织垂直交通，北向两门洞通过走廊连接观众厅。舞台：台口宽 18.23 米，深 12.19 米，有大幕一道，垂幕五道，上设检修桥架，可作讲演、放映、演戏及大型会议之用；舞台为木制地板，下为地垄架空，弹性较好；台口两侧下部东西各设通风口一处，直通屋顶，内置机械抽风设备。侧台为音乐室、休息室，侧台两侧楼上楼下共辟室 8 间，作化妆室、办公室、储藏室等，也可作教室，每间可容纳 60 人就读。

结构方面：主体采用钢筋混凝土结构，青砖墙，结合大屋顶，采用 27 米豪式钢木组合屋架，8 根钢筋混凝土承重柱支承 8 架钢梁和楼板重量，所用钢材为英格兰进口，观众厅底层设钢筋混凝土柱 6 根，支撑二楼池座。

造型设计：屋面沿南北纵向采用屋顶组合，门厅对应部分为歇山，两侧楼梯间为卷棚歇山，观众厅与 U 形走廊巧妙组成重檐歇山，舞台为硬山，东西及北向入口对应采用卷棚歇山门廊，观众厅前区两侧楼梯间上空对应为硬山，将观众厅与舞台外观有机衔接，形成侧面起伏多变的轮廓线，大屋顶覆以青灰筒板瓦，各脊端饰有脊兽，四角挑起，左右对称，高低起伏，变化丰富；屋顶的外部造型与内部功能一一对应，在简单的方形平面下创造丰富的视觉效果。正立面屋身部分采用 4 组双柱仿爱奥尼式直抵檐口的倚柱巨柱式，柱间正中设 3 樘双扇平开大门，

门楣为悬山垂花门罩，门楼上部二层为办公用房，圆形竖向中旋窗，窗套彩绘图案精美，色彩艳丽；柱头与屋檐交接处，简化传统建筑的斗栱设置，以垂柱挂落替代，檐下垂花柱、雀替、挂落均做透雕彩绘，雕绘出龙头、狮子、凤鸟等生动图案，形象逼真，栩栩如生。整个南立面不仅为建筑艺术重点所在，而且在技术方面考虑也极为周全，在檐口处设有排水槽，通过倚柱后隐蔽的落水管将雨水排走，所以屋面虽为坡屋顶，在下雨天进大礼堂时也不会遭到檐口集中雨淋。大礼堂全高 24.4 米，尺度巨大，配以 8 根巨柱和收分砖砌墙体，辅以入口处宽阔台阶，挺拔高峻，气势宏伟，巍峨壮观，堪以体现"大壮"之势，在中西建筑手法的结合上及两种建筑艺术风格的巧妙运用上都有独到之处；其规模之大，结构之先进，在当时全国仅广州中山纪念堂与之媲美，不仅在河南，就是在全国也堪称近代建筑艺术精品。

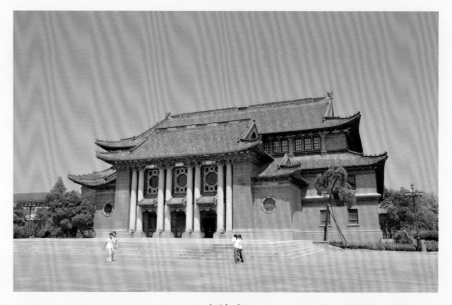

大礼堂

历史沿革： 1930 年 9 月，中山大学改名为河南大学后，许心武校长和李敬斋先生对河南大学校园整体规划作了调整与补充。学校原来仅有一大席棚为师生集会活动的场所，雨雪天不能使用。许先生首先提出建设大礼堂的动议，得到李敬斋先生的支持。为精心建好大礼堂，学校组成了由张伯英、李敬斋、杜岫僧等 15 人参加的大礼堂建筑委员会，由从欧美留学回国在河南大学工学院土建系任教的教授张某设计。1931 年 11 月 20 日破土动工，1934 年 12 月 28 日落成，历时 3 载，耗资 20 万元。

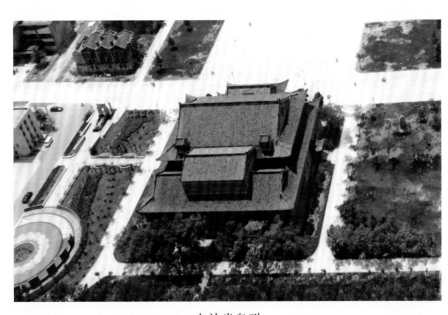

大礼堂鸟瞰   大礼堂入口

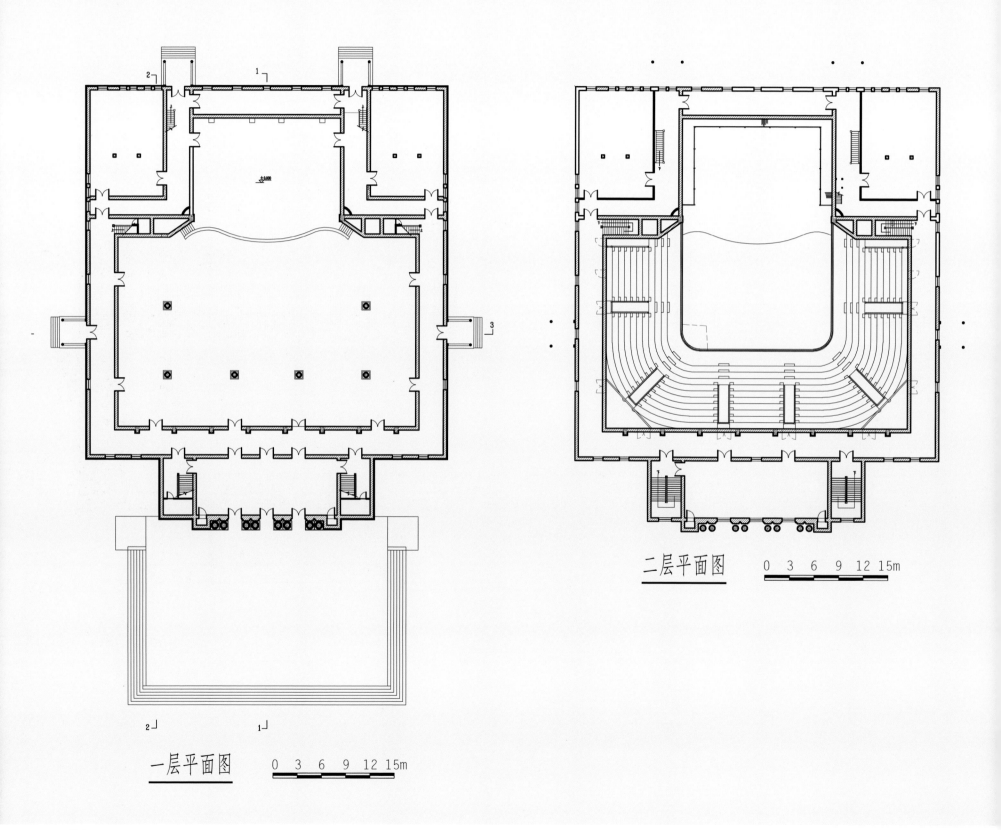

一层平面图　　0　3　6　9　12 15m

二层平面图　　0　3　6　9　12 15m

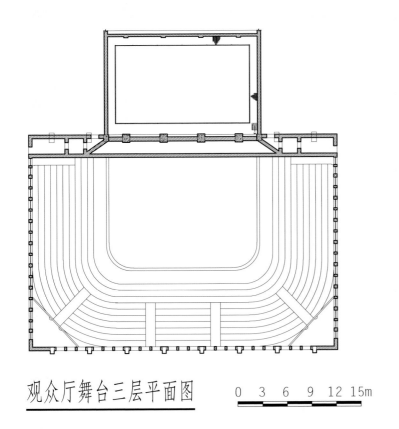

观众厅舞台三层平面图　　0　3　6　9　12　15m

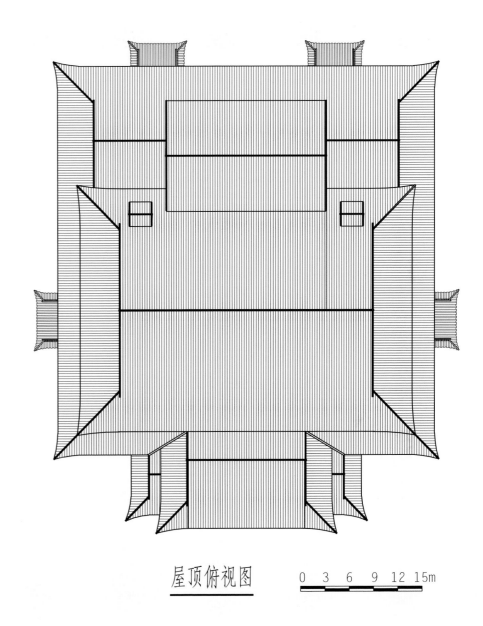

屋顶俯视图　　0　3　6　9　12　15m

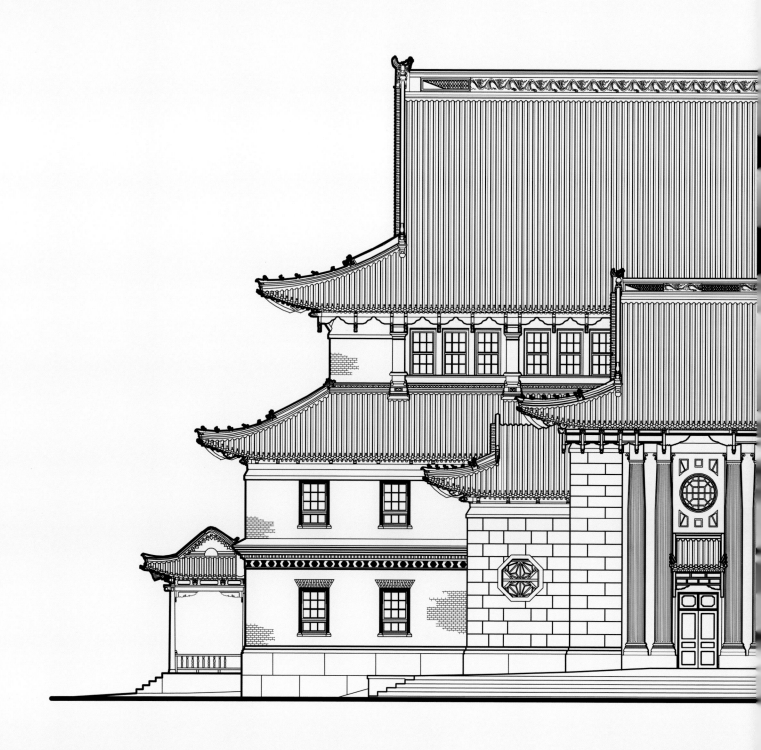

南立面图

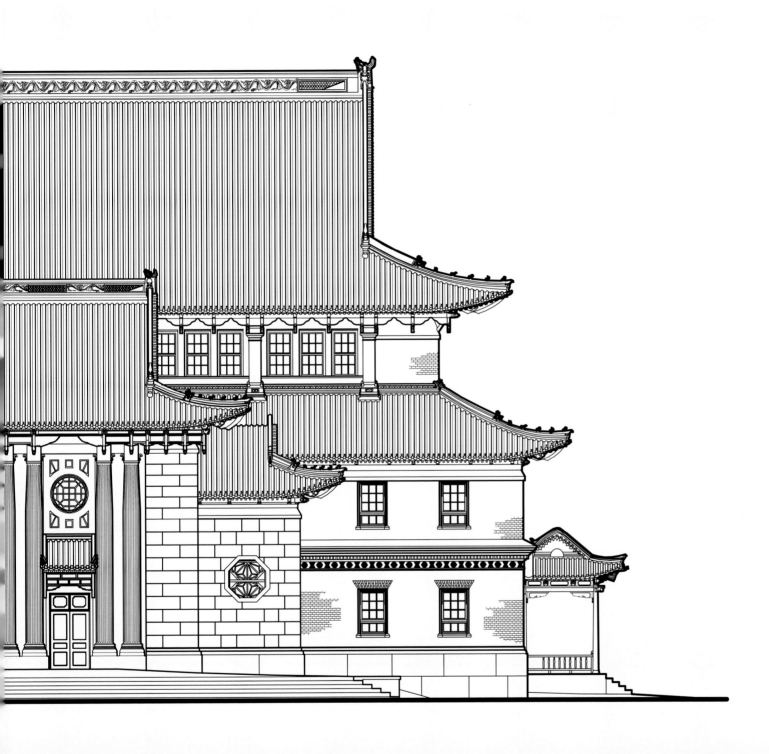

0　　2　　4　　6　　8　　10m

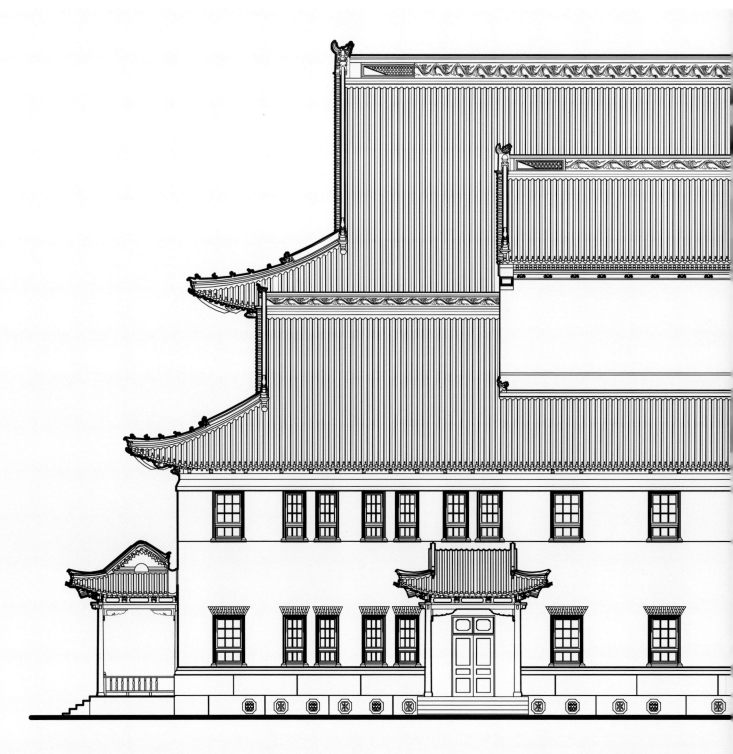

北立面图

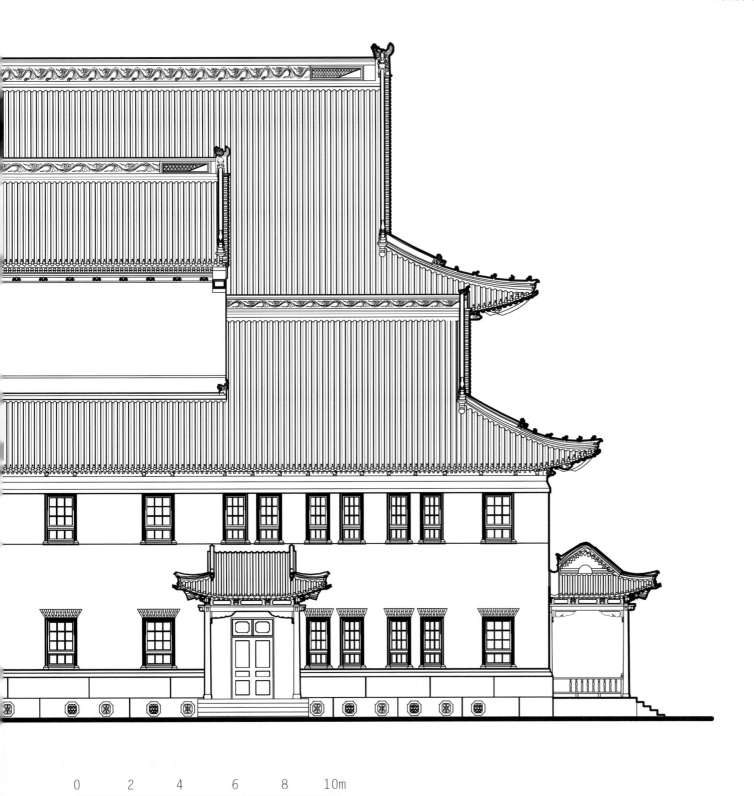

0　　2　　4　　6　　8　　10m

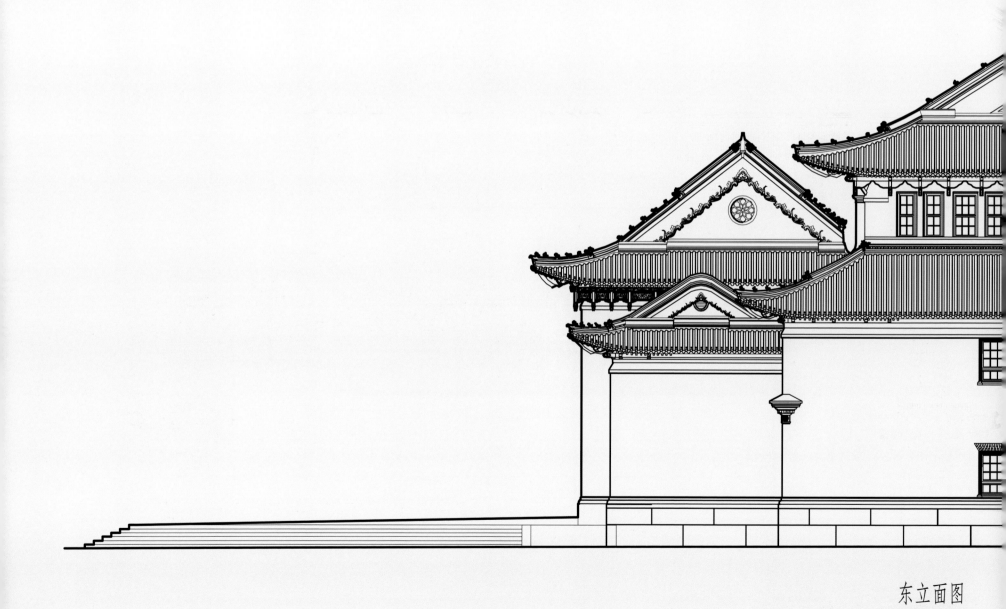

东立面图

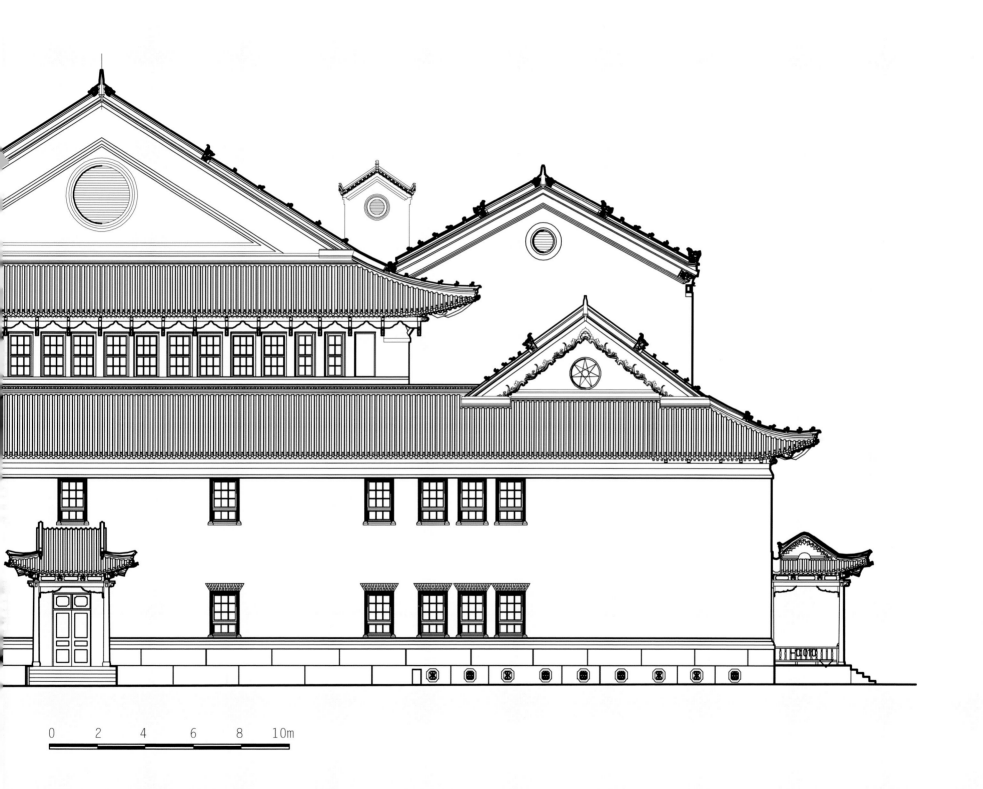

0　2　4　6　8　10m

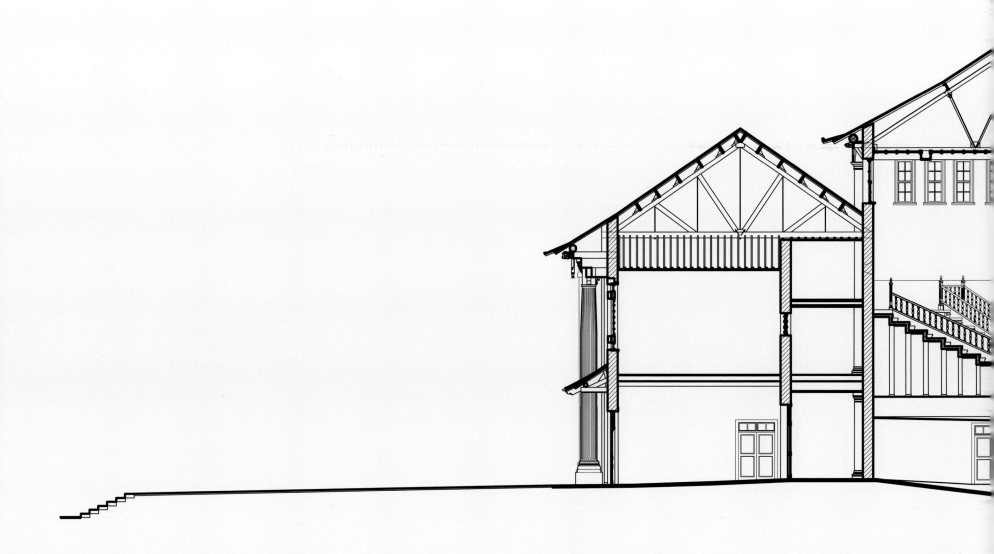

1-1 剖面图

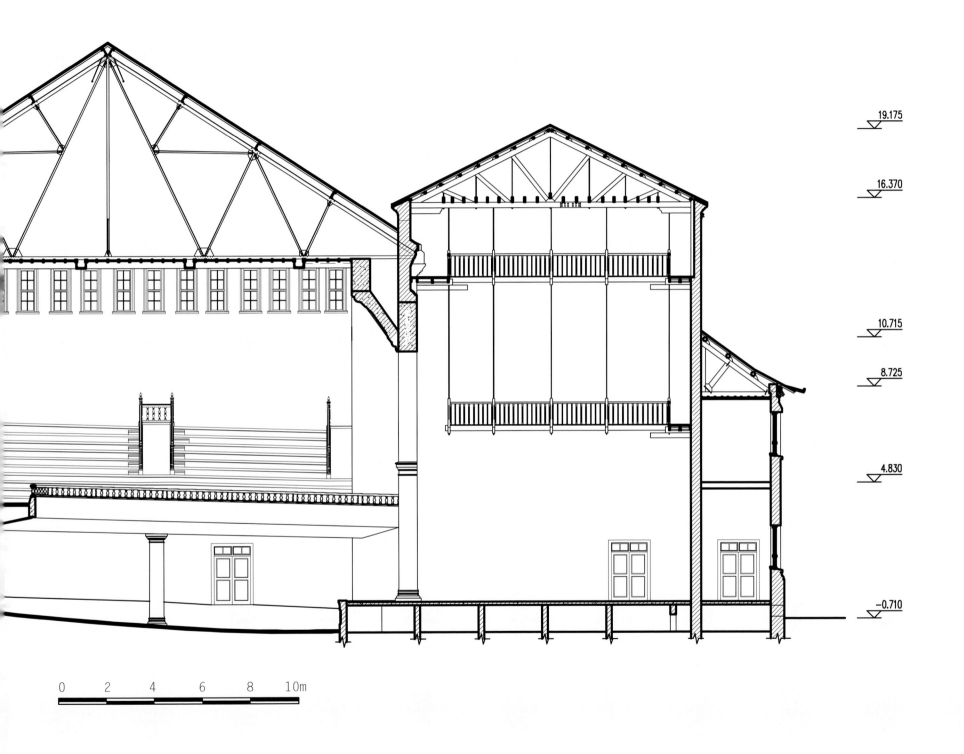

19.175

16.370

10.715

8.725

4.830

−0.710

0　　2　　4　　6　　8　　10m

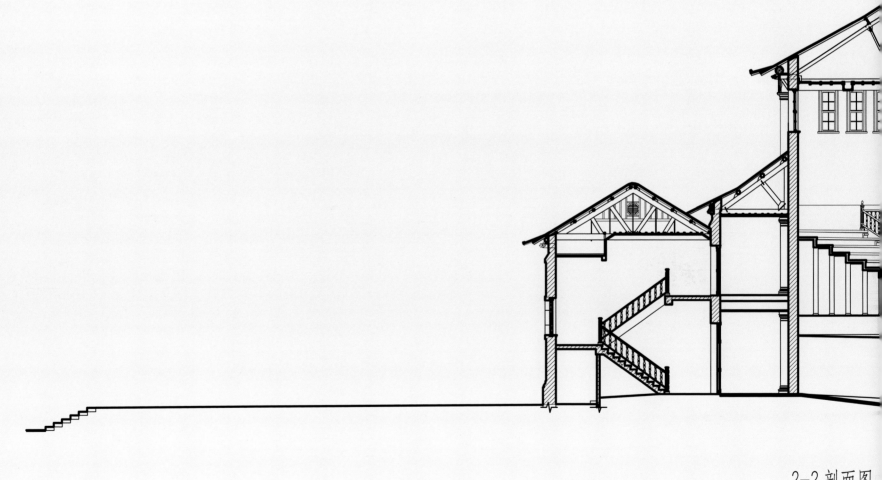

2-2剖面图

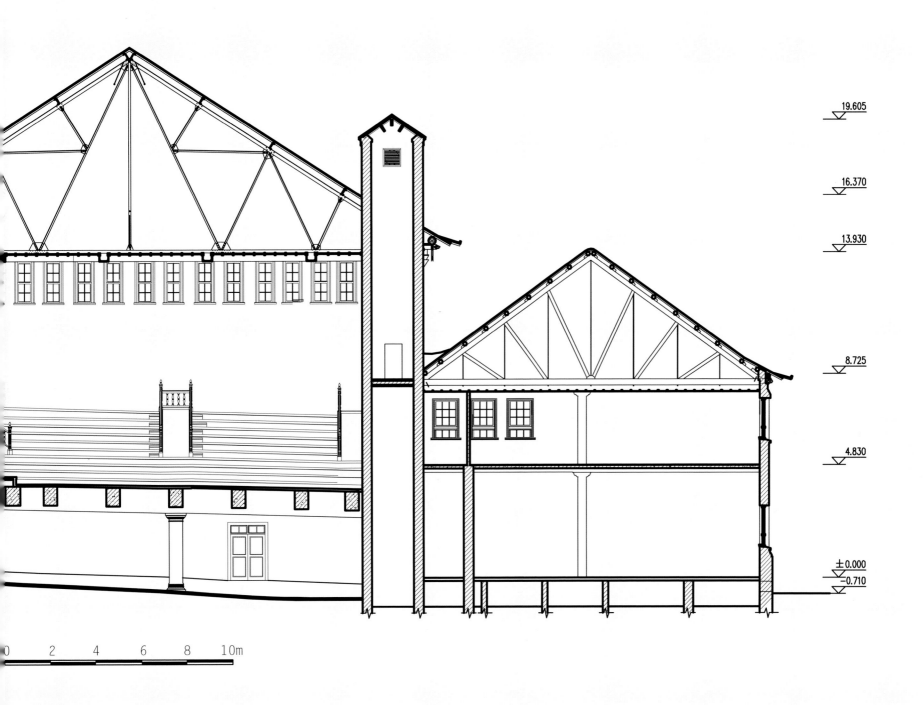

19.605

16.370

13.930

8.725

4.830

±0.000
-0.710

0   2   4   6   8   10m

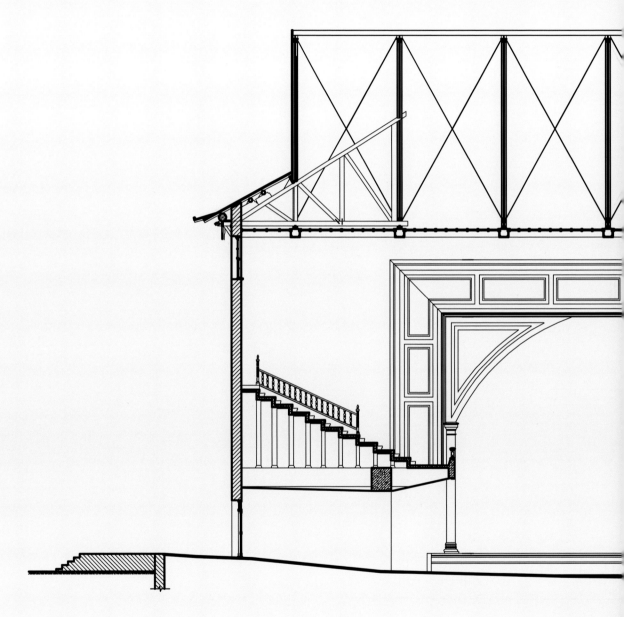

3-3 剖面图

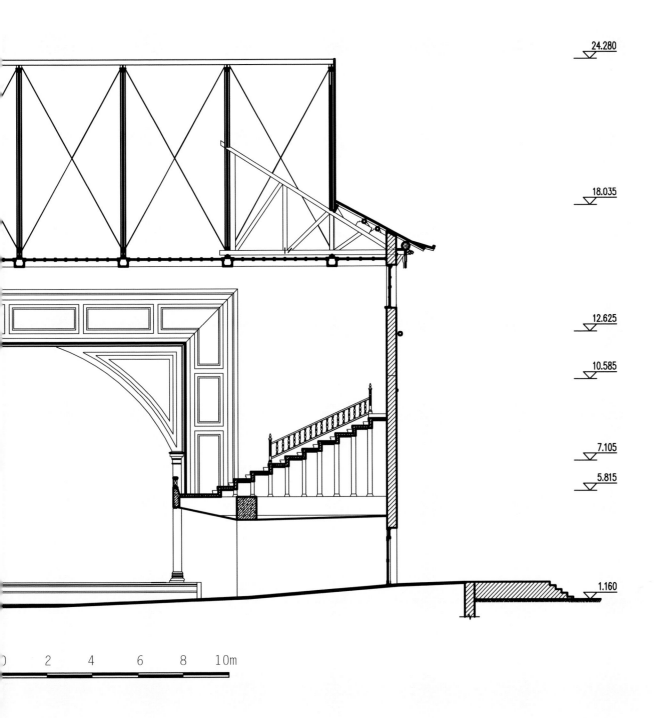

24.280

18.035

12.625

10.585

7.105

5.815

1.160

0   2   4   6   8   10m

南大门

建筑年代：1936 年。

建筑位置：河南大学校园中轴线上最南端。

建筑面积：114.5 平方米。

建筑功能：主要出入口。

建筑特点：河南大学大门是 1936 年刘季洪校长按李敬斋、许心武两先生 1930 年校园规划的蓝图设想兴建的。大门处在河南大学校园中轴线的最南端，南临明伦街，北与中心主体建筑大礼堂遥相对应。该大门为两个四柱三牌楼庑殿顶工字脊组合的建筑，中间通高 10.39m，东西长 13.4m，进深最大处 7.8m，两侧有开间 6.1m、进深 4.8m 的东西耳房(为东、西门卫室)。该组建筑中间拱券形门洞净高 3.7m(最高处)，中宽 3.60m，两侧建有宽 2.5m、高 3.0m 的人行通道，大门上有筒板瓦、花脊走兽，下有斗栱承檐，椽飞起翘，四角如翼，正楼匾额写"河南大学"，次楼匾额镶古典花纹，檐下额枋、雀替均做彩绘；大门为南北两个牌楼圆拱相连，中为正楼，两边为次楼，形成重檐效果，是我国古代四柱三楼式牌楼的进一步发展，使之在保持传统特色的前提下更具实用性。该建筑以中式建筑为主体，融合了西方建筑线脚及券拱装饰手法，构图完整饱满，庄严大方，结构复杂而合理，是近代优秀建筑的代表作品之一；大门既是整个近代建筑群的开端，又是建筑群举足轻重的组成部分，它不仅自身小巧玲珑，端庄秀丽，而且它的烘托使得整个建筑群更加华丽壮观，层次分明。

南大门——万字板

南大门——正立面

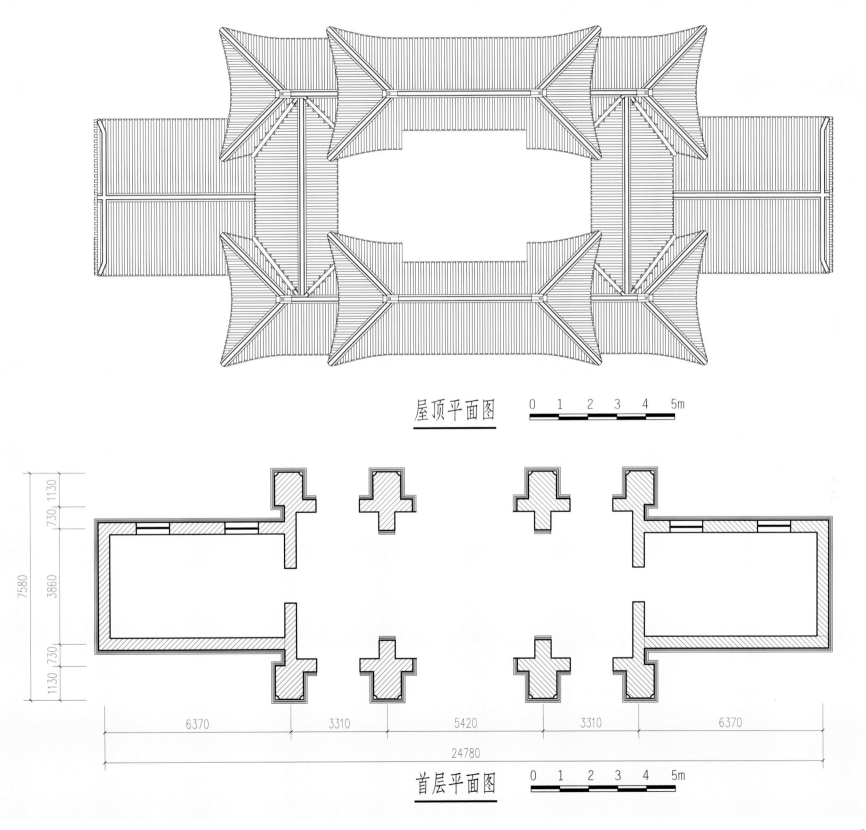

屋顶平面图　　0 1 2 3 4 5m

首层平面图　　0 1 2 3 4 5m

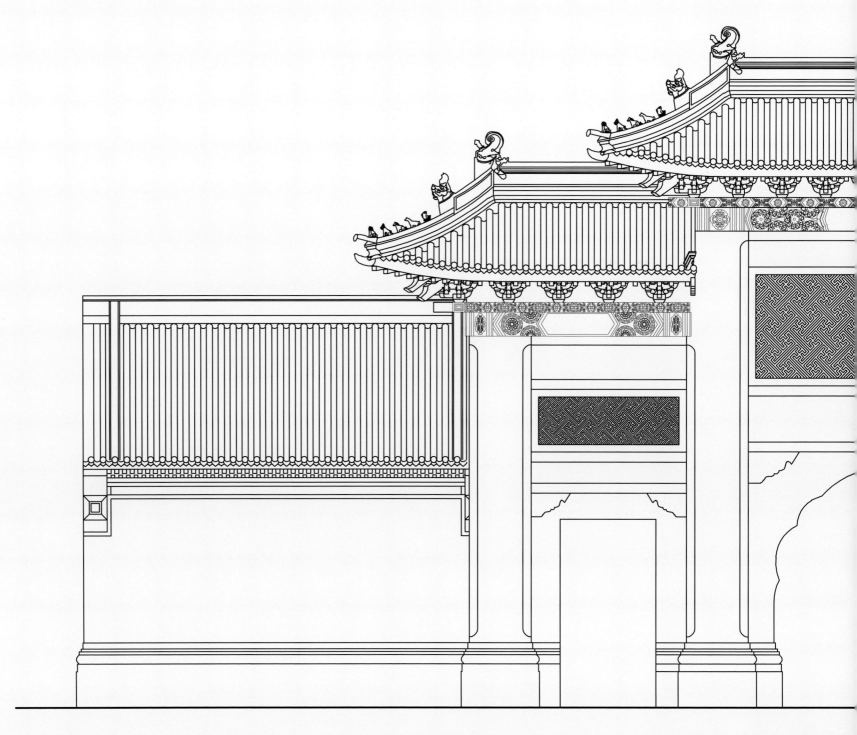

南立面图

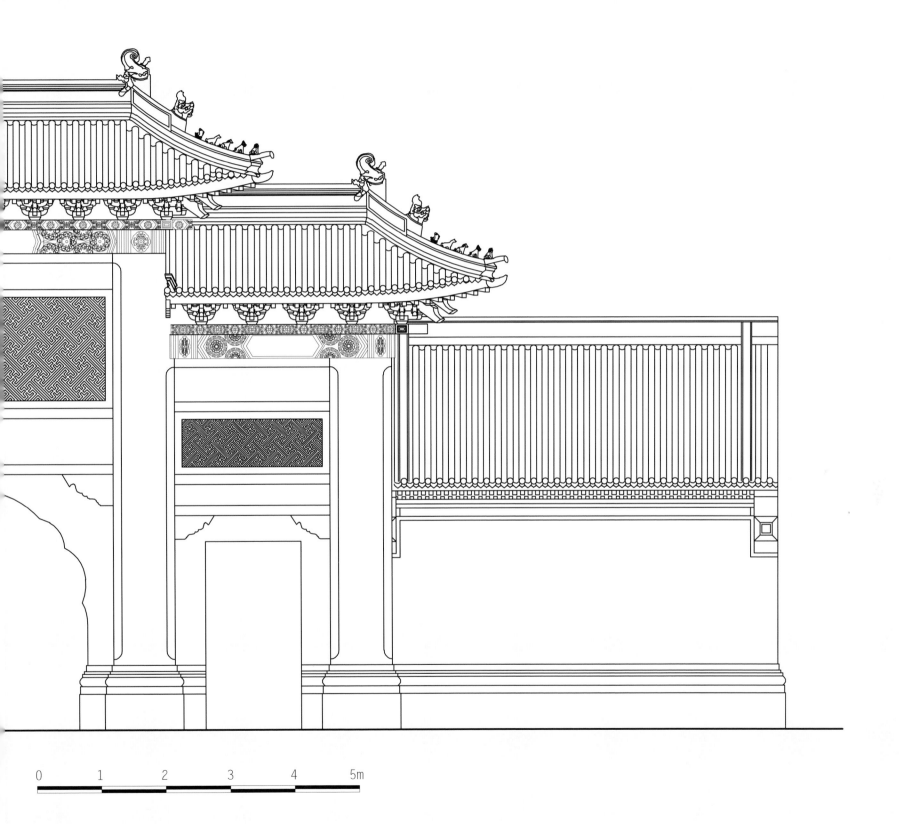

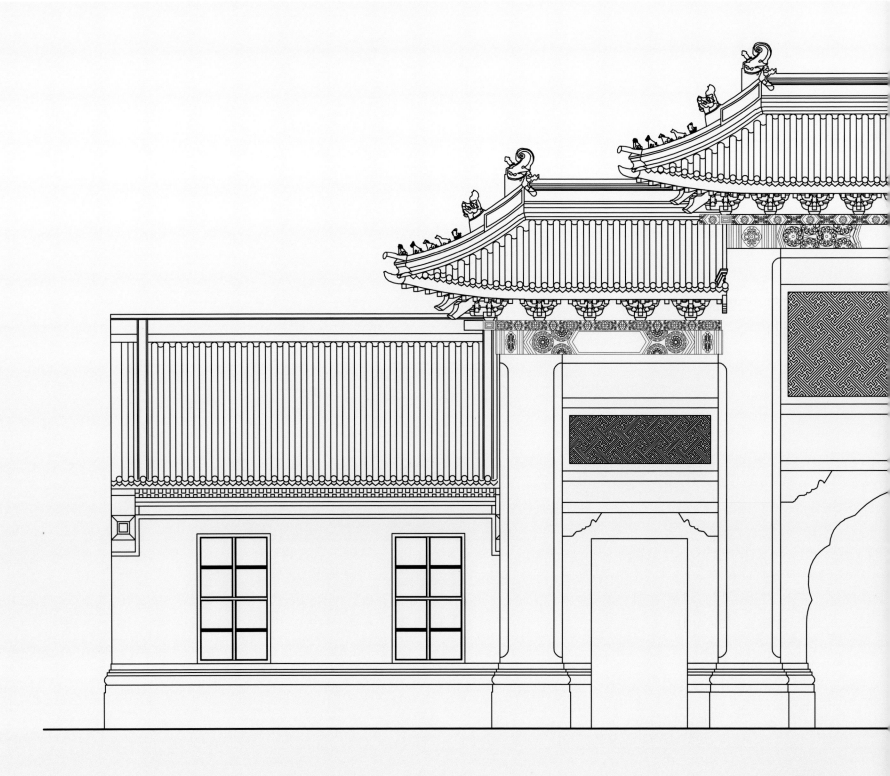

北立面图

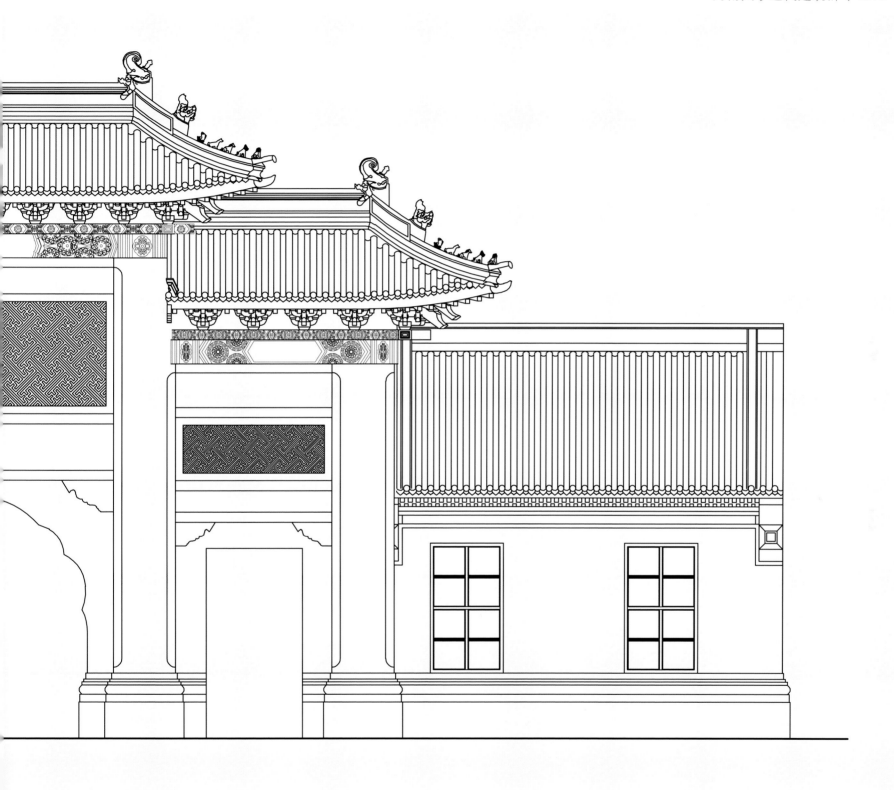

0 1 2 3 4 5m

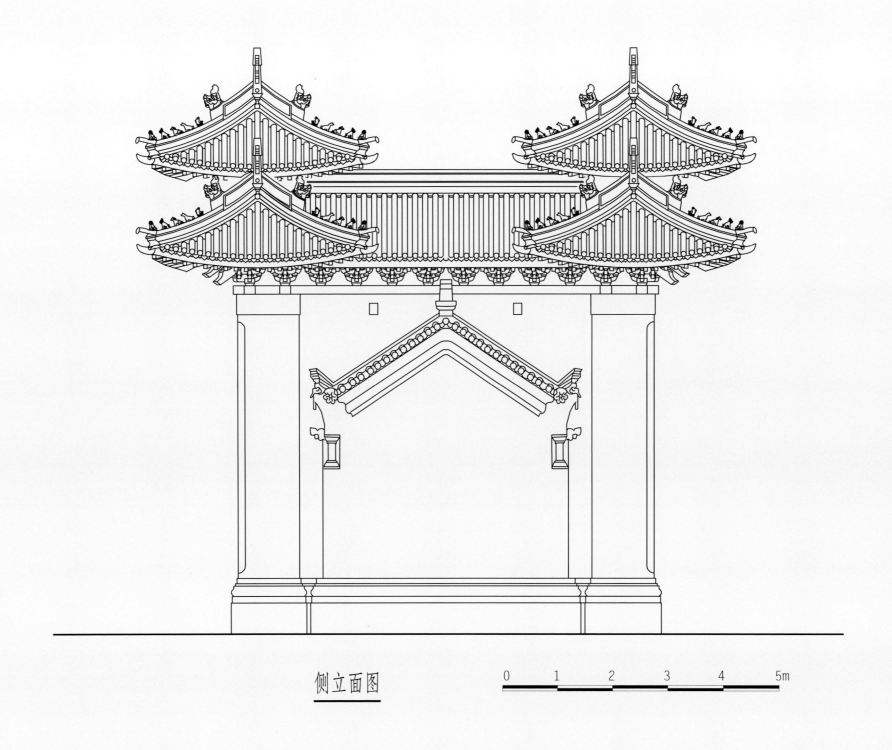

侧立面图

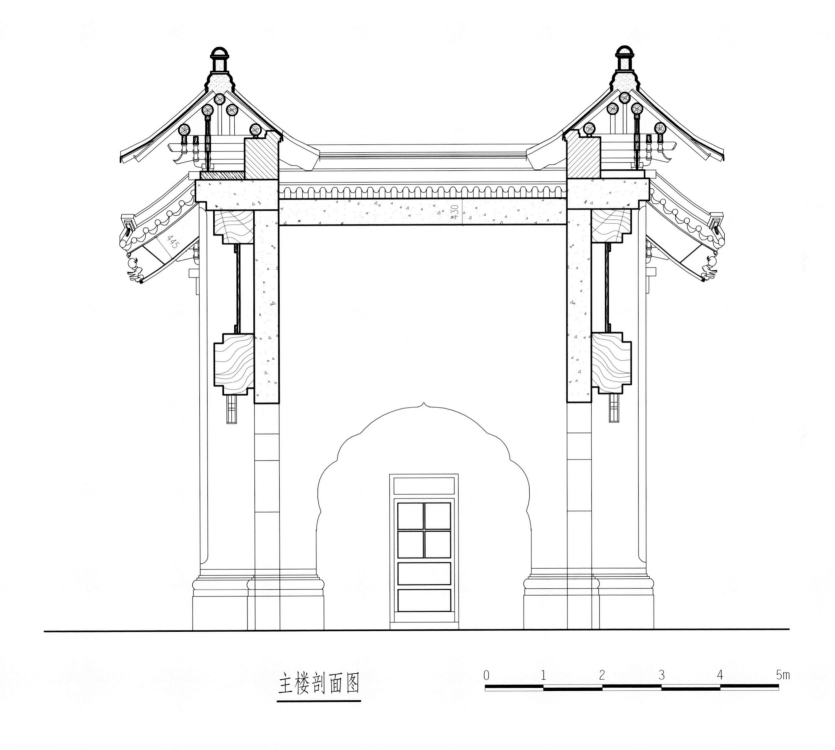

主楼剖面图

0 1 2 3 4 5m

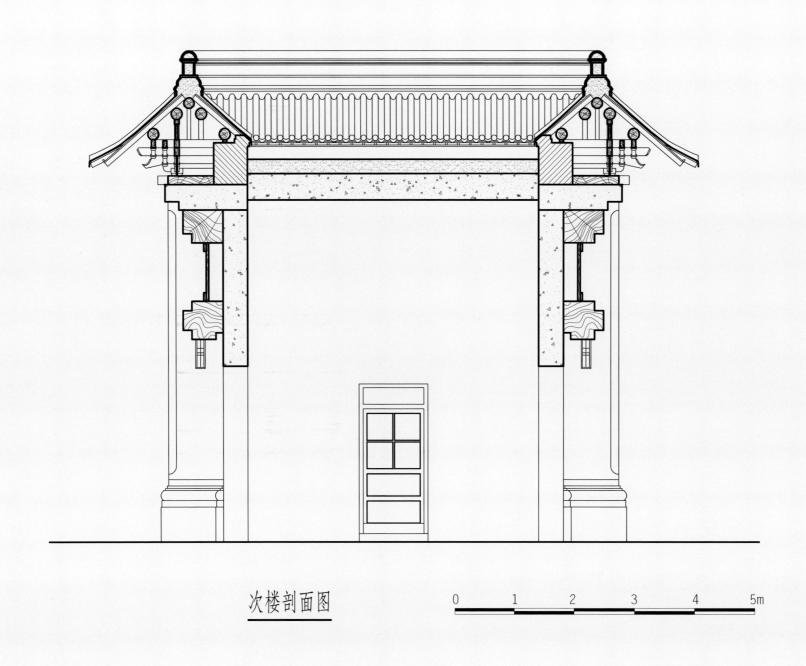

次楼剖面图

0　　　1　　　2　　　3　　　4　　　5m

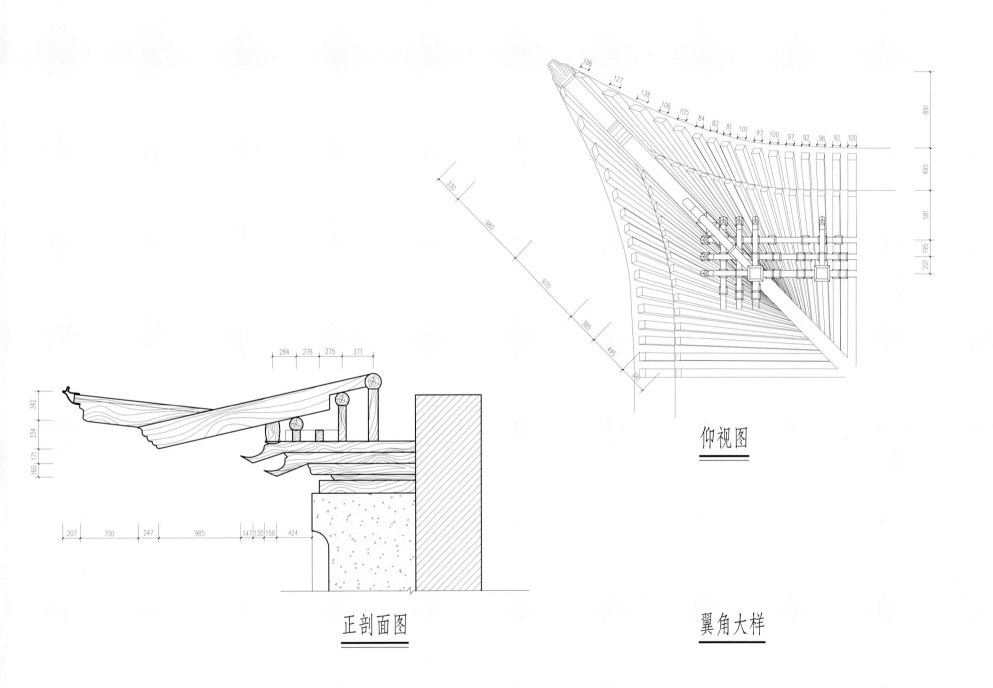

仰视图

正剖面图

翼角大样

·77·

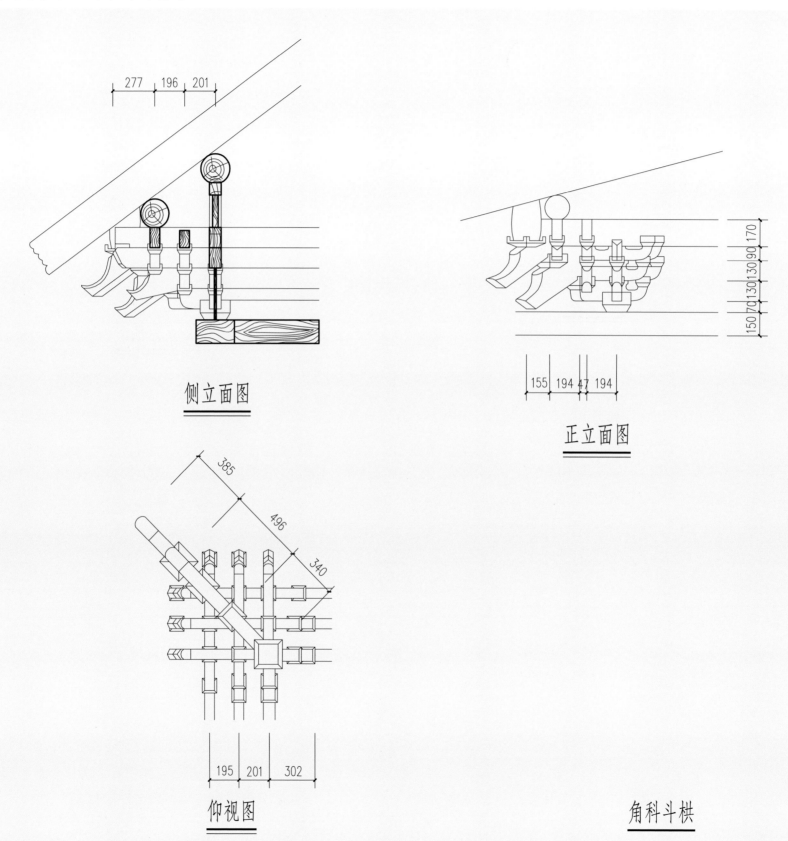

侧立面图

正立面图

仰视图

角科斗栱

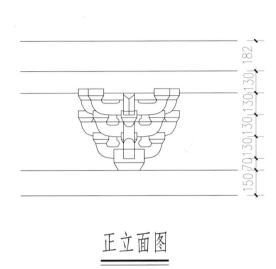

正立面图

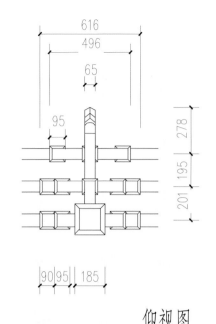

仰视图

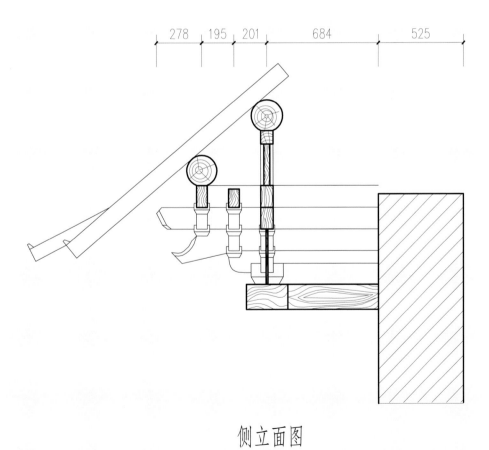

侧立面图

平身科斗栱

预校大门

第一张照片（见老照片1）题名为中州大学，拍摄年代为1923年；第二张照片（见老照片2）门脸挂木牌上为河南中山大学，拍摄年代为1927年；第三张照片（见老照片3）门额题名为河南大学，拍摄年代为1930年。三张照片从不同的年代，不同的角度较为全面地传达了原大门及后部环境的若干信息：

预校时期校园规模较小，用于教学的新式建筑仅有六号楼一座。1922年由预校向中州大学转变，办学的定位发生根本性的变化，校园的中轴线西移，将六号楼规划变成大学中的一个组成部分。原大门位置成为六号楼前广场（该规划奠定了河南大学的空间发展框架，直至今日轴线两侧仍延续着当时的规划格局）。后由于军阀混战、抗日战争等时局动荡，规划中仅七号楼、大礼堂、南大门实现外，余均未实现。预校大门亦未按规划拆除，因此1950年测绘图中仍能看到。

从1950年测绘图中看出，预校大门与六号楼构成较为严谨的南北中轴线关系，两组建筑之间沿纵深形成院落空间。这一组建筑的组群关系并非偶然巧合，而是按照中国传统建筑群的布局原理统一规划的结果。按统一规划、分期或同期施工的群体建筑建造常理，预校大门与六号楼应属同一时期作品。从老照片1、2、3分析，大门的建筑风格横向五段式、竖向三段式，屋身部分采取爱奥尼柱式与科林斯柱式组合，檐口的细部处理以及山花线脚等与六号楼手法如出一辙。从大门为平屋顶非采用中式坡顶，仅以山花带女儿墙构成看，属典型洋风时期建筑（以西式为主，杂糅部分中式语汇），符合预校创办时"引进西学、效法欧美"的

思想。从这一角度判断，预校大门建造年代当与六号楼同一时期。

我们知道，汽车最早传入中国是1901年，当时由匈牙利人李恩时带进上海两辆。汽车的流行至少与1907年北京至巴黎的汽车大赛有关，1911年后在各城市相继出现。20世纪20年代以后设计已开始考虑这一因素。从老照片上的预校大门设有台阶判断，预校大门在建造时，汽车还未普及。大门属20世纪前20年的作品合乎逻辑。

1919年的"五四运动"是对两次鸦片战争和中日甲午战争总结的新文化运动。它高举民主与科学的大旗，在效法欧美、引进西学方面，社会各界对中国传统文化进行冷静的思考，在建筑领域引起了人们对洋风建筑的质疑，中国固有式的折衷风格成为主流。该大门如为中州大学时期设计建造作品，其风格与社会导向相悖。在预校易名之际，留学欧美预备学校更名为中州大学，更体现民主的内涵，顺应时代潮流。1922年中州大学设计草图中规划拆除预校大门似乎亦顺理成章。

"救国之道首在广植人才，尤在多设大学"，"本省自立大学实属要图"。在此倡导下，河南省议会于1921年通过筹建大学的决议，将预校易名为中州大学（见老照片1），1922年4月筹备，10月即挂牌招生。该建筑如为中州大学时期设计建造，时间相隔仅6个月，不足以施工完成；加之从照片来看，砖及砖缝均较陈旧，非为新作，中州大学题额依托的建筑当属预校时期业已存在，仅更名而已；且在河南大学校史上，中州大学时期大事记亦未见该建筑建造记载。至于"中州大学"四个字在该建筑

老照片1　1923年照片

老照片2　1927年照片

老照片3　1930年照片

题额处较为恰当，而对题额空间不足以容纳预校全称十个字或比例不当的疑点，涂心园所说的"河南留学欧美预备学校牌为木制，系悬挂方式"可以给以解释。

再看老照片 2、3，1927 年"河南中山大学"六字牌既为悬挂式，1930 年"河南大学"四字又回到建筑题额处亦可佐证推测。另外题额空间属中式建筑的组成部分，亦非西式建筑所必然，中州大学题额即便没有字，亦不失为完整的建筑构图。

综上所述，该建筑属预校时期所建，毋庸置疑。

关于预校大门的建造位置与年代的判定，虽谈了很多理由和根据，但总觉得多数仅属推理所得，因此只能仅供参考；如能起到抛砖引玉的作用，引起同行的思考和探索，最终得到科学的依据和论证，就是我们最大的安慰了。

复建预校大门

河南大学悠久的历史造就了其独特的建筑风格。民族式建筑群叠檐飞阁，雕梁画栋，古朴典雅；现代化建筑设计宏伟，美丽壮观。二者交相生辉，折射出百年名校的奕奕风采。河南大学近代建筑群反映了当时世界建筑思潮对中国建筑设计风格的影响，同时也反映出中国建筑师对列强入侵而激发出的强烈的民族意识和爱国情结。这两种因素的碰撞、交叉、组合，反映出时代与社会背景对中国近代建筑历史发展的巨大影响。河南大学近代建筑群作为近代教育建筑的代表，在中国近代建筑史上具有举足轻重的地位，在河南近代建筑史上堪称首屈一指。这组优秀的近代建筑奠定了校园的空间框架，形成了校园的环境特色。在九十周年校庆之际，恢复河南留学欧美预备学校大门这一具有代表性的建筑，对再现河南大学的悠久历史，传承中国近代历史文化具有深刻的意义。2002 年 4 月，受学校委托，学校建筑设计研究所开始了复建预校大门的设计工作。历史是客观存在的，它不以人的意志为转移，而以忠实的身份传达着特定的文化气息。作为恢复再现工程，我们的指导思想是：尊重史实，再现历史风貌，古为今用，创造有机景观。具体方法：（1）位置：尊重大门与六号楼中轴线的构图关系。现建设位置相对 1950 年测绘图中原大门位置向北移动近 10 米，目的是使站在河南大学大门内广场的人能看到六号楼屋顶，以创造良好的视觉效果。（2）尺度：建筑的东西面阔及高度均按原尺寸设计，而进深尺寸仅取原作一半（2.4 米，原图进深约 5 米）。（3）风格：风格特征完全依照照片信息，为求尽善尽美，所用砖、石等材料经专门烧制加工而成。但建筑背面形态因资料不足，亦按正面处理。我们从研究原建筑的形制、尺寸、材料入手，把握建筑的本质，试图再现其历史风貌。同时，随着时空的迁移，旧有建筑所依托的环境必然发生或大或小的变化，在忠实表达原有建筑的前提下，如何使恢复的建筑仍能很好地与新的环境融合，成为现实环境中的和谐分子，是做好本设计的重要因素和难点所在。

复建预校大门

凋零的国际式时期校园建筑（1937—1949）

1937 年是 20 世纪上半叶中国建筑发展的重要分水岭，按照建筑分期，从这一年到 1949 年是凋零的国际式时期。如果说从 20 世纪 20 年代到 1937 年抗战爆发前夕是旧中国建筑活动的鼎盛时期，并且形成了第一次现代建筑高潮，那么从抗战爆发到 1949 年新中国成立，则通常被视为建筑活动的停滞期和凋零期。战争的涂炭、资料的散乱与缺失，使得河南大学这一时期的建筑记录几乎成为空白。但是这一时期中国建筑界的现代建筑思想则空前活跃，建筑师对战前官方倡导的"中国固有形式"建筑进行了深刻的反思。战争期间和战后，现代建筑实践及其思想占据了主导地位，从而为新中国成立后现代建筑的延续与发展奠定了基础。

较早倡导现代建筑思想的《新建筑》是广东省立勤勤大学建筑系学生创办的一份学生刊物。该刊 1941 年第 1 期登载了霍然的长篇文章《国际建筑与民族形式——论新中国新建筑的"型"的建立》，文章把对现代建筑的理解和认识上升到政治和意识形态的高度，它宣称："在意识形态战线上，要真正战胜反抗新建筑运动的敌人，我们的理论与思想必须与社会主义的实践合作着步调而前进……我们今日提出新建筑的民族形式问题，不仅是艺术生活的问题，不仅是中国建筑技术水准的问题。我们应该把这个问题看作建设新中国的理论斗争一部分，它是不能被孤立地划分开来的。" 1942 年毕业于中央大学的戴念慈在新中国成立前后的一系列论文中显露出激进的现代建筑思想锋芒，他宣称，"现在，旧的一切没落了，腐朽了，病态的社会和病态的文化将跟着帝国主义和封建势力一同死亡。健康的文化即将获得正常的发育而壮大。"他满腔热情地提出："新中国的新建筑应该是以真理为根据的建筑；新中国的新建筑应该是以人民的合理生活方式为基础的建筑；新中国的新建筑应该是表现高度艺术性的建筑；新中国的新建筑应该是适合中国国民经济的建筑。"他的建筑审美观念的基础是经典现代建筑的功能主义，他认为"真正的建筑美，它是外表形态和内部机能完全统一的'美'。它和大自然所创造的众生一样，是一切客观条件自然的结果，决无矫揉造作的状态的。"《新建筑》和戴念慈的一系列文章体现和反映了在中国社会急剧动荡变化的年代，现代建筑思想的时代性、进步性以及它与社会革命之间的关联性。现代建筑的为大多数人服务的思想和社会关怀意识，也为中国建筑师所理解和掌握。战争期间，具有包豪斯特征的现代建筑教育来到中国，现代城市规划思想广泛传播，并应用到战后的规划实践中。总之，20 世纪上半叶，经过前 20 余年的初始和过渡之后，中国建筑师的建筑实践和建筑思潮构成了完整意义上的现代建筑运动。

开封市在这一时期经历了抗日战争和解放战争两个历史时期。从 1938 年 6 月 6 日日军侵占开封起，至 1945 年 8 月 20 日日军在开封缴械投降止，七年多时间，开封人民和全国人民一起遭受着日本帝国主义铁蹄的蹂躏，朝不保夕，民不聊生。开封经济衰败、萧条，城市建设不但没有进展，反而遭到日本侵略者的破坏和掠夺。从 1945 年日本投降至 1948 年 8 月 24 日开封第二次解放期间，开封城市的经济和建设虽然得到了一定程度的恢复和发展，但是由于国民党反动派在全国范围内挑起内战，广大人民群众跟随共产党又投入到解放战争之中，追求新中国的诞生，因而开封的建筑事业无力发展。

1937 年抗日战争爆发，1938 年开封沦陷，日寇占领河南大学后，将斯文之地的河南大学作为其司令部。

抗日战争期间，河南大学先后辗转于河南信阳、南阳、洛阳、陕西西安、宝鸡等地，仍办学不辍。1946 年后，设立工学院，后将黄河水利工程专科学校并入。因河南大学是国民党时期唯一的高等学府，为迎 1946 年从宝鸡返校复课，学校做了零星的维修及增建。

一、小礼堂

位于中轴线西侧、文物馆以南，与东面的六号楼隔路相望。建于 1936—1938 年间，平面一字形，一层，建筑面积 483 平方米。建筑坐西朝东，东面房山为主入口。南立面两端为实墙，中间大部为敞廊，分成五个圆券门，敞廊内墙设两个门。整体为简化的中式建筑，屋顶为双坡斜直面，上覆红色机平瓦。室内西端为一小型舞台，中间大部为观众席，东端中有甬道，南设小会议室，北面为管理用房和洗手间。

二、农学院的建筑

河南大学农学院仍在繁塔寺原址上课，原大门闭而不用，另从西边开新大门。院舍完整，塔东楼房为教室、办公室、图书室、实验室等，塔北一排平房为学生宿舍。出塔院向南路东是原土壤实验室，这里过去是农场，有厚土墙围护，约 500 余亩，分为八大区。西边是农学系作物实习区，路东有风干室，北边是种子室。中区是中央农业实验所北平农事试验场开封工作站的小麦试验地。东边是园艺系的果树、蔬菜、花卉实习区，靠北墙有日本人添建的罐头工厂，是两层楼房。左前方是北向东西长的乳牛场。其东 300 米处是农场办公室与工作站站址。室北侧是家禽孵育室与鸡舍，再北为猪舍。农场办公室东西长，门西开。室南是烟草、芝麻、棉、麻、玉米等作物实习地及工作站，甘薯、小米试验地。

东北约 50 米处为农场新大门，东向、遥对干河沿三院，为校本部通三院校东中途站。左悬"国立河南大学农场"，右悬"农林部中央农业实验所北平农事试验场开封工作站"，两块白底黑字大木牌很为耀眼。农场北与河南省农业改进所一路相隔，该所树木种类繁多，为森林系树木学实习场地，学校为教学方便起见，就在其对面铁道北边设置森林苗圃一处，面积百亩左右。农场南墙外尚有土地几百亩，种植大豆、高粱、豌豆、棉花等作物。

繁塔寺旧址辟作教授住宅后，黄河水利专科学校归并河南大学，增加学生修业年限，改为河南大学工学院水利系，后又添设土木系和机械系。工学院院址过小，容纳不下，请求农学院支援。农学院全体师生欢迎工学院迁到干河沿，两院住在一起，改称河南大学第三院。工学院又将它附设的高级工业学校移到繁塔寺，同农学院家属住在一处。门以东三分之二地区为农学院，以西三分之一地区为三院办公室与工学院，门头"国立河南大学第三院"二尺见方大金字，闪烁夺目。第三院区由农学院主持美化布置。道路笔直广阔，各栽不同行道树，公共地带设花墙，置景物。两年多时间，佳木葱茏，花影扶疏，景色宜人，是讲学、读书的好去处。农、工两院学生总数，1946 年秋季已达 1400 人以上。

农场的土地抗战前大部散处在干河沿以东、崔庄南北。日军占领开封后，以农场棉田、苗圃为基础，建筑南北两个大院。日军投降后，郑州绥靖主任刘峙突令六十八军全部移住大院。回到开封后，学校向六十八军提出交涉，刘峙复命不准让出。就农学院财产问题，学校向河南高等法院、开封地方法院申诉，转报行政院，行政院批准干河沿南北两院产权全归农学院。日军侵占开封，河南大学原有校产被日伪侵占的侵占，破坏的破坏。日本投降后，农学院复校困难，国民党开封县府以接收敌伪财产为名强占东北乡袁坊、大门寨、租粮寨等处河南大学土地 2600 多亩和西南乡新城区河南大学土地 1100 多亩，经过月余交涉，仍不予发还，转请省政府协助，竟置之不理。最后，开封地方法院根据原始凭证，判处河南大学财产仍归河南大学农学院。

农学院迁到干河沿，农场发展很快，农业机具得到迅速补充，猪、牛、羊、鸡等饲养业也迅速发展。在整修道路的同时，栽树三万株。开垦种植起来的土地计有 700 亩。在北大院，用半年时间开凿了深 40 丈、直径 8 寸的钢管机井三眼。

三、嵩县潭头镇的建筑

1939 年（"民国"二十八年），河南大学于 5 月 13 日奉省府代教育部电，以时局紧张，急速派员在嵩县一带觅定校舍，即日迁移。于 13 日将图书仪器先行起运，教职员、学生、工友人等亦先后于 23 日至 31 日陆续到嵩。先于城内设办事处，暂行安

顿住址，即于 27 日偕同各院及产科学校教授、职员等 5 人，前往潭头勘察校址。查潭头在嵩县城西百里，中经蛮峡大章、旧县各镇均在万山之中，潭头寨系依山筑成，南对玉阳山，层峦叠嶂，青葱如屏，伊水自南来东注，附近村落环布居民 300 余户。前一年悍匪陷寨，盘踞两日，庐舍残敝，居民十室九空，市面萧条，市井移在寨外，三六九日一集，农商交易，过日即行冷落。寨北上神庙，为县立高小学校，有房 43 间，周围空地 30.9 亩，可以增建校舍；其他大王庙村，庙房 27 间，居民 200 户，房可租用；寨西党村，有柴氏民房 31 间，住户 50 家；寨南三官庙庙房 28 间，古城村及其迤西蛮子营亦有民房可租用；寨东石门湾村，有全神庙房 16 间，柴氏民房 21 间，及其他零落民房；此外寨东南岳庙 20 间，东山村民 120 户，寨北纸房村 70 户，寨西北张村西岳庙 25 间，民房 130 户，三村距寨四、五里不等，往返较为不便；至寨中民房可租用者，多不过 50 间。上神庙县立高小学校愿让校址，须付迁移费，尚未商定。拟将文理农三院，设于寨之内外，集中上课。至医学院，查有寨东汤营村，该村位伊水南岸，依山而居，有高峰矗立，土人名为汤营寨。旁有温泉，热如沸汤，山水明媚，可建适宜疗养病房。汤营村分汤下西营、汤下中营，约有民房 50 间可用；惟夏日雨水暴发，时有淹灌之虞。或须增建草房若干间，即可将附属医院、助产学校、产科医院，并设于此。

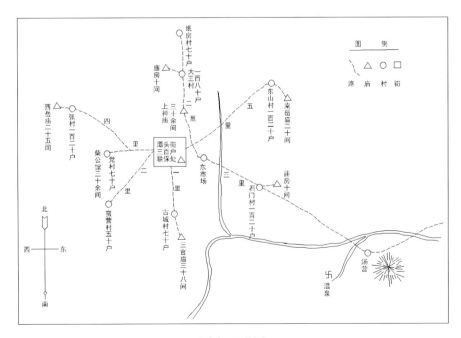

潭头地形图

当时由嵩城至潭头山路，建厅正在派员监修，医院在此，极为相宜。其潭头附近农田栉比，荒山四绕，农艺畜牧，极称相宜。地点既称安全，风景亦颇宜人，矿产蕴藏极富，药材木料亦多。此次迁移，沿途天热车少，所幸师生人等尚少疾病。除淅川、镇平所存图书仪器正在候车起运并俟筹备校址外，学校将本次迁嵩经过及勘察校址情形，先行具文呈报教育部，并附呈潭头附近地势草图一张。报告署名：暂代河南省立河南大学校长王广庆。

附：国立河南大学校舍建筑委员会委员名单

王广庆，校长，日本私立政法学校政治经济系卒业，曾任监察院监察委员；赵振洲，总务长，巴黎大学博士，曾任监察院秘书科长；王庸，会计主任，清华大学经济系卒业，中央政治设政学院卒业，曾任国立西北农学院会计主任；梁偶生，庶务主任，上海美专卒业，曾充第三路总部股长，中国大学指导科员；夏幼唐，教授兼医学院后期部主任，德国佛莱堡大学博士，曾任华县兵工厂医务长；王国忠，教授兼经济系主任，美国哥伦比亚大学商学硕士，曾任天津南开商学院及国立东北大学教授；陈振铎，教授兼农业推广部主任，美国威斯康大学硕士，曾任北平农大保定农院教授。

四、宝鸡办学场所

据中国第二历史档案馆 1945 年有关河南大学借用宝鸡场房屋事所记：因战事影响，河南大学暂移宝鸡复课，因房舍极为缺乏，校长张仲鲁于 1945 年 4 月向陕西省花纱布管制局上呈借房申请，因该场前已执行减政缩小，裁员贰佰余名，有腾出房可能，该申请于 7 月 16 日获批。该厂位于陕西省凤翔县，占地共约 100 亩，南邻清江河，平面为东西稍长，南北略小的不规则矩形，主入口东向，办公楼、厂房及宿舍楼主要分布在东部，西部较为空旷。借用条款中明确划定了用地范围——厂区西北部占地约 35 亩，地面建筑有大饭厅、器材库、工务课办公室等用房，余为空旷地。（另处地点：宝鸡武城寺）

借用条款规定：1）借住之房屋必须由河大负责保持完整，如有损坏须照原样赔整。2）红线界内之土地可由河大自由使用，惟所添建筑物及围墙篱笆等于该校搬走时无条件赠与本局。3）为双方便于管理起见，划借线应建围墙或篱笆，建墙费用由河大负担。4）借用地域及房屋本局为表示所有权每年得向河大收取极小数之

租金（年租百元或千元）。5）借用期限暂以两年为期，到期倘因战事仍未结束，得商同本局同意将借用期限酌予延长。

1948 年 6 月 7 日，河南大学南迁苏州，分住怡园、狮子林后院、沧浪亭等处。1949 年 5 月，中共河南省委、省人民政府正式决定重组河南大学，任命河南省人民政府主席吴芝圃兼任校长。6 月，省政府派人将南迁苏州的河大师生接回开封，河南大学的历史翻开了新的一页。1952 年院系调整，河大医学院、农学院分出，建立河南农学院（河南农业大学前身）、河南医学院（河南医科大学前身），河大水利系调入武汉大学，财经系调入中南财经学院。原有的院级建制均改为系级建制。在理工农医分家的形势下，文理再分，他迁新乡，河大被变成一所文科院校。文史哲单科性地方学校是难有大发展的。对基础学科国家重视的学校是很少的，只有南京大学等。20 世纪 50 年代院系调整，只有河南大学连理科都没有保住。理科基础的丧失挖空了河大复兴的潜力，因为单腿走路，河南大学在后来的机会中没有优势。

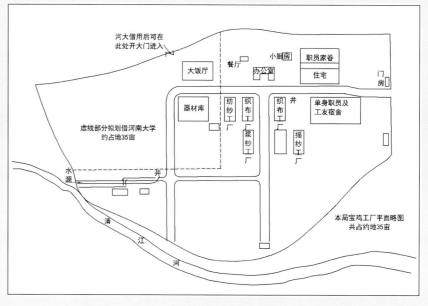

宝鸡地形图

河南大学苏式建筑（1950—1977）

时代背景

20 世纪 50 年代中华人民共和国成立初期，国内经济凋敝、百废待兴，国外资本主义国家虎视眈眈，妄图将社会主义中国扼杀在摇篮里。我国"一五"计划的重点是发展重工业，相应培养建设人才。1950 年与苏联签订《中苏友好同盟互助条约》，中国以 156 个大型工业项目为先导，全方位向苏联学习，在短时间内集中引进了苏联的政治、经济和文化理论。一时间，苏联模式成了范本，涉及生产生活的方方面面。苏联是第一个社会主义国家，它的建设经验对于正在开始大规模建设社会主义的中国无疑是极其重要的。建筑界对于苏联经验的学习，源于当时苏联文艺界流行的"社会主义的现实主义"、"社会主义的内容、民族的形式"的创作方法，最初表现为移植苏联的建筑形式，而后演变为追求

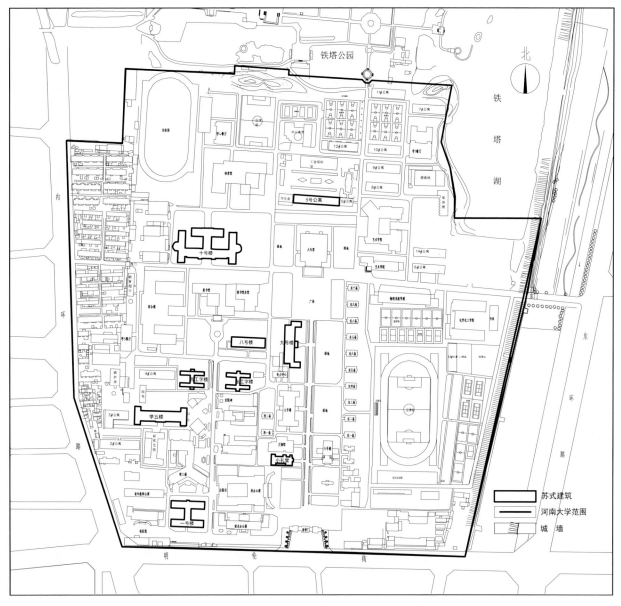

河南大学苏式建筑分布图

中国"民族形式"的建筑，高等教育亦不例外。原国立综合大学大部分分成师范学院和工学院，有河南教育"老母鸡"称谓的河南大学即成了为其他高校培养师资的师范学院。东西工字楼、一号楼、八号楼、九号楼、十号楼等一批苏式建筑即是这一时期相继建设的项目，它们以其功能主义的简约风格承载着河南大学这一时期办学的风雨历程。

前期苏式建筑

中华人民共和国成立初期，在中国建筑领域对于大屋顶去留的争论异常突出。大屋顶长期以来一直是中国固有形式的典型标志，是民族形式的重要载体，似乎是区别于西方资本主义建筑的唯一符号。但是随着社会的发展，生产生活方式的改变，以木材为基础的中国传统建筑体系已不能满足功能多元化的需要，传统的以手工劳作为主导的施工方法亦不能满足未来发展的工业化建筑体系的需要，且大屋顶造价较高，与经济落后的国家现状相矛盾。在"一五"计划的第一年，党中央就提出"增加生产、厉行节约"的方针，并提出"适用、经济、在可能的情况下考虑美观"的建设方针。在这一背景下，提倡节俭成为时代的最强音，取消大屋顶已成一种必然趋势。但是在破旧的同时，如何立新又是面临的新问题。

当时苏联在批判西方现代建筑设计原则的基础上，开始提倡社会主义民族形式的建筑。苏式建筑虽是拜占庭帝国传到俄国的古典主义建筑，但已大大作了简约化处理，即使是坡屋顶，亦非宫殿式大屋顶，不仅去掉了豪华的飞檐斗拱、漂亮的雕花装饰，还用机制砖瓦代替了青砖和筒板瓦。这种提倡节俭、反对浪费的经济、高效同时又带有社会主义民族形式的建造方式，非常适合中国当时的建筑状况，加之长期以来在中国与世界接触很少的情况下，苏式建筑作为一种舶来品，代表着先进的建筑文化，也是一种摩登建筑，立即成了中国立新的选择。苏式建筑在当时的中国遍地开花，从城市到乡村，从工业建筑到民用建筑，均成为范本，被广泛效仿。

苏式建筑严格意义上是苏联的斯大林建筑去掉多余装饰后而形成的一种迎合经济高效的建造方式，且带有强烈的意识形态特征的建筑形式，堪称朴素的斯大林建筑，其主要特征概括起来有以下几个方面：

一是平面规整，对称格局，功能分区明确；内廊布置，走廊宽缓舒展；墙体厚重，用料实惠，宽大沉稳。二是立面采取三段式，带有新古典主义特征，中间高，两侧低，蛋糕式造型，或简化的直坡屋顶带气楼。三是机制砖瓦代替青砖、筒板瓦，简洁的立面色带构成代替富丽堂皇的装饰。四是构件的形态往往带有强烈意识形态的特征。以上这些特点在河南大学典型的"苏式建筑"中都或多或少有所体现（见"现存苏式建筑基本情况表"）。以

上这些建筑，除八号楼、学五公寓为一字型平面布局外，其它建筑的平面布局大多采用工字形、U字形，尤其是十号楼，平面更为复杂。从建设的时间来看，大致可以分为前后两个时期。早期现代建筑指1950年到1977年的建筑，这27年的建筑基本上是以苏式建筑为主导的。为叙述之便，我们不妨把苏式建筑分为前后两个时期。前期指1949年至1956年的建筑，后期指1957年至1977年的建筑。

前期苏式建筑现存的主要有：东西工字楼、八号楼、一号楼和十号楼。

后期苏式建筑

1958年，由于大跃进、"浮夸风"和"大炼钢铁"导致国家大部分的生产资料遭受毁灭性的破坏，加之1959—1961年的三年自然灾害，强制的集体化运动极大地挫伤了农民认真干活儿的动力，因此，当时全国的基础设施建设又一次进入了凋零和停滞期。这种情况一直持续到"文化大革命"结束和1978年党的十一届三中全会之前。河南大学在这期间的建筑，其整体风格仍然延续中华人民共和国成立初期的苏式风格，只不过比前期的苏式风格更简化，更强调功能性、实用性，其装饰性进一步弱化而已。

后期苏式建筑主要有：五号楼、九号楼和学五公寓。

"苏式建筑"的价值评价

· 历史价值

建筑是文化的载体，它映射着社会的经济状况、思想状况和审美倾向。"苏式建筑"即是一种文化和艺术，也是一种政治化的时代产物。它们承载着中华人民共和国成立初期我国建设方针的历史史实，承载着中苏友好的历史文化信息，有着不可替代的历史价值。

中华人民共和国成立初期，我国大力发展重工业的目标的实现必须投入大量的建设资金，这种工业化所需要的资金要依靠我国内部的积累才能取得，因此必须采取严格的节约制度，消除一切多余的开支和不适当的非生产型开支，不能容许任何微小的浪费，以便积聚一切可能的资金，用来保证国家建设事业的需要。早在"一五"计划的第一年，党中央就提出"增加生产、厉行节约"的方针。在同一年，在建筑问题上，又具体提出"实用、经济、在可能的情况下讲究美观"的建设方针。显然，如果我们在一些非生产性建筑上，采用过高的标准，采用大量装饰，就会浪费国家金钱，分散资金，削弱建设重工业的力量，不能不影响我国工业化的速度。在这一背景下，在《中苏友好同盟互助条约》的氛围下，中国堪称进入苏化时期：教育非百分制，而是五分制，人们穿的衣服为印花蓝布所做，唱的歌曲是《莫斯科郊外的晚上》、《红莓花儿开》，学习外语非英语而是俄语，以中国军事博物馆为先导的"苏式建筑"成了样板，在全国推广开来。"苏式建筑"

是时代赋予的使命，它是近代建筑向现代建筑转换的重要标志，成为时代的坐标。

• 情感价值

作家果戈理说过：当诗歌和音乐都沉默的时候，建筑还在诉说。物质文化遗产是非物质文化遗产的依托，遗弃了它，非物质文化的记忆就会渐渐淡出，有它，就有丰满的内涵。这批"苏式建筑"是一代代河大学子激情与梦想，卑微与失落的见证，无数青青子衿的精、气、神弥散在楼舍间，建筑因此才有了生命。这些建筑对河大学子而言，有着不可替代的情感价值。

著名校友袁宝华在河大八十周年校庆之际返回母校，重游校园，百感交集，感慨万千，欣然提笔写出"入梦塔影秀，尤念校景幽"的诗句；七八级校友，现为深圳大学高尔夫学院教授的吴亚初说："河大是我童年的梦，十号楼是当时开封市为数不多的规模比较大的建筑之一，因平面形状酷似飞机状，他与伙伴们给它取一个十分形象的名字——飞机楼，这里有长明灯，是我们曾经通宵读书的地方。"直到今天，他依然对飞机楼冬暖夏凉的精良设计啧啧称奇。

提及飞机楼，河大人没有不知道的，这些永不褪色的老建筑时常进入我们的梦乡，伴随着河大每位学子从幼稚走向成熟，从风华正茂走向白发苍苍，它承载着校友的回忆和眷恋，承载着年轻学子的憧憬和梦想。

• "苏式建筑"的不足

当然，这批"苏式建筑"并非完美无缺，它毕竟是舶来品，且是拿来主义的，没有经过地域的消化和吸收，存在固有的缺点。适合身处严寒地区苏联人的建筑，在我国东北、西北地区是恰当的，在属寒冷地区的开封尚可，而在长江以南地区则不妥；"苏式建筑"的内走廊较长，有的近百米，仅靠两端窗口采光，走道较暗，加之多数窗户为砖砌平拱过梁，洞口尺寸较小，且窗扇为木制，中梃较密，采光较差；楼板、隔墙为木质，隔声效果差，适于强调公共性的建筑，用于公寓、住宅则干扰过大；外观冷峻单调，与讲究圆融内敛的传统四合院格格不入等等。所以当时"苏式建筑"在中国遍地开花，对错不能一概而论。事物都是一分为二的，"苏式建筑"是中华人民共和国成立初期温饱型建筑的选择，无可厚非，而在追求小康型建筑的今天暴露出其固有的缺陷，情理之中。但它历史的贡献深深地影响着我们的生活，深深地影响几代人的建筑创作。

• 对待"苏式建筑"的态度

"苏式建筑"离我们的时间还不够久远，它在文物保护领域还属青少年，哪些应"标本式"保护，哪些宜采取"剪贴式"保护，哪些可在历史长河中湮灭，是摆在我们面前的课题。

大学何以百年，看看具有七百多年历史的剑桥大学和一百多年历史的北京大学就知道了。我们本着多留遗产，少留遗憾，在文物普查的基础上探究它们的价值，这有利于守护我们的精神家园。

不管人们对苏式建筑如何评价，他们始终像《莫斯科郊外的晚上》、《红莓花儿开》歌声一样，成为时代的记忆。

现存苏式建筑基本情况表

建筑名称	十号楼	九号楼	八号楼	五号楼	学五公寓	一号楼	东西工字楼
建造时间	1954—1955	1954—1959	1951—1953	1959	不详	1951年7月（设计时间）	1949—1950
结构形式	砖混结构	砖混结构	砖木结构	砖混结构	砖混结构	砖混结构	砖木结构
建筑层数	主体3层，局部4层	主体3层，局部4层	2层	中间3层 两翼2层	3层	中间3层 两翼2层	2层
建筑面积	10590 m²	4080 m²	1704 m²	4301.16 m²	3131 m²	2990 m²	2374 m²
平面形态	飞机状	U形	一字形	H形	一字形	工字形	工字形
建筑功能	综合教学楼	化学实验楼	教学楼	生物、地理楼	学生宿舍	办公楼	办公楼
设计单位	河南省基建局设计处	河南省城市规划设计院	不详	河南省建筑工程设计院	不详	不详	不详
设计人	孟繁星	黄永康	不详	李福铭	任树森	不详	不详
外观特征	红砖清水墙，平顶	青砖清水墙，平顶	青砖清水墙，红机瓦四坡顶	红砖清水墙，平顶	红砖清水墙，红机瓦四坡顶	青砖清水墙，四坡顶	青砖清水墙，红机瓦四坡顶

小礼堂

建筑年代：1936—1938 年。

建筑位置：位于中轴线西侧、文物馆以南，与东面的六号楼隔路相望。

建筑面积：483 平方米。

建筑功能：室内西端为一小型舞台，中间大部为观众席，东端中有甬道，南设小会议室，北面为管理用房和洗手间。

建筑特点：建筑坐西朝东，东面房山为主入口。南立面两端为实墙，中间大部为敞廊，分成五个圆券门，敞廊内墙设两个门。整体为简化的中式建筑，屋顶为双坡斜直面，上覆红色机平瓦。

南立面局部

椽子

小礼堂效果图

南立面中部窗

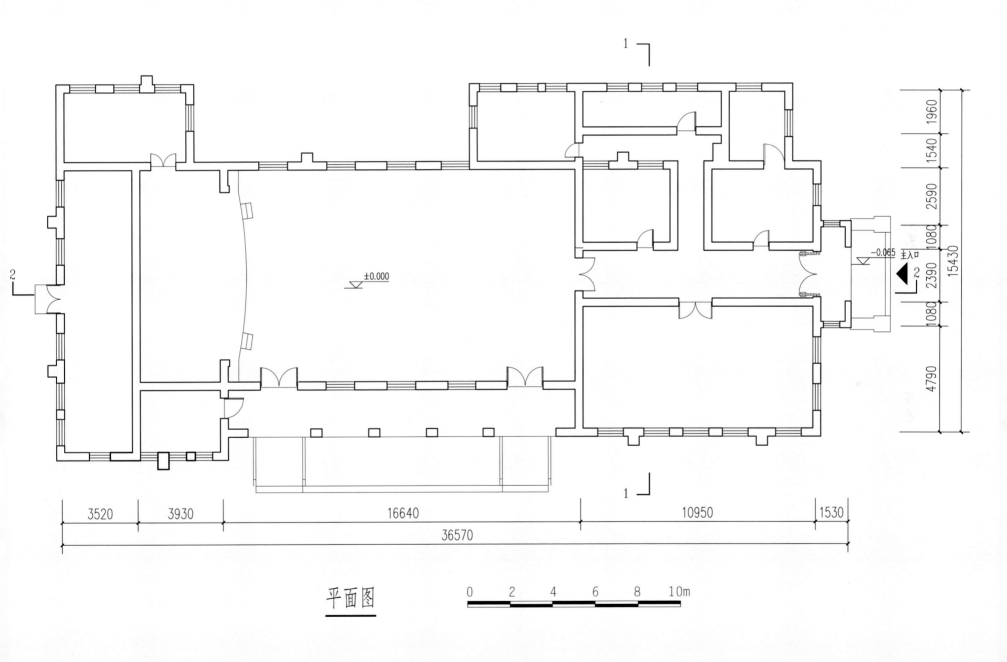

平面图

0 2 4 6 8 10m

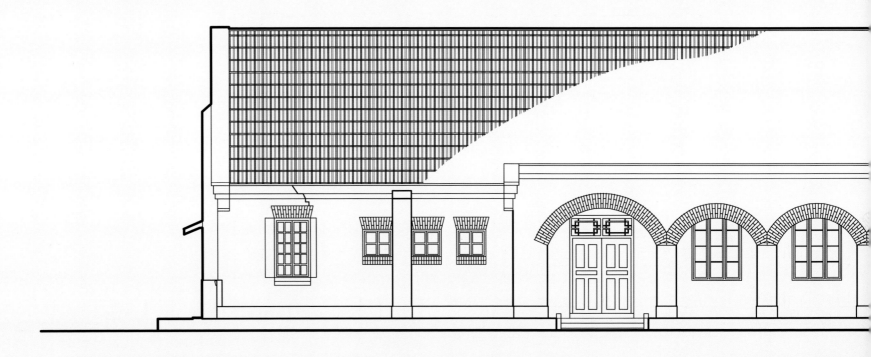

南立面图

北立面图

0   2   4   6   8   10m

0   2   4   6   8   10m

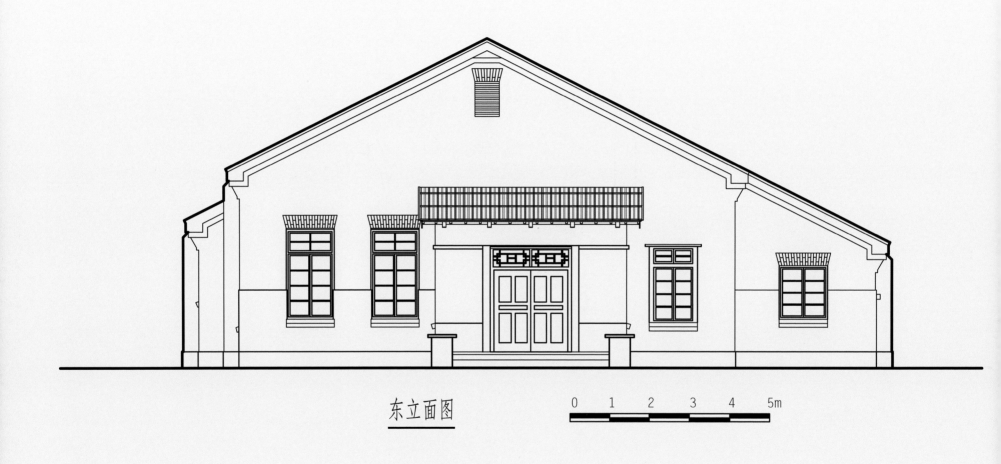

东立面图

0 1 2 3 4 5m

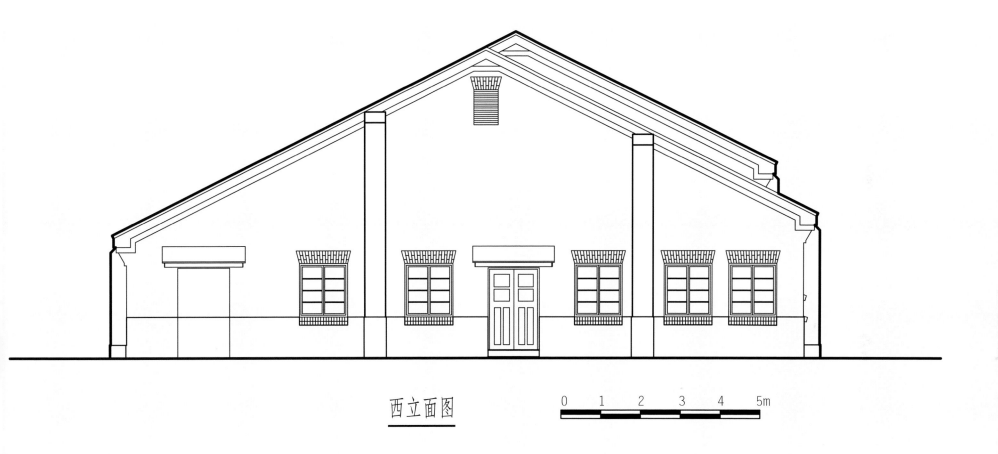

西立面图

0　1　2　3　4　5m

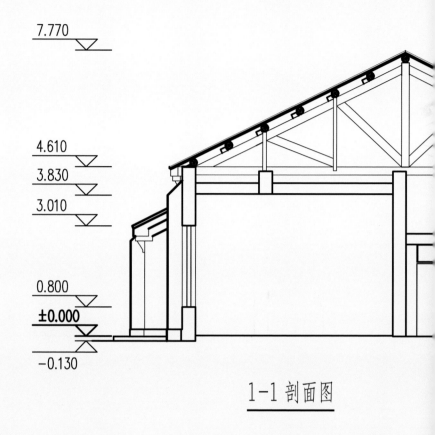

7.770

4.610
3.830
3.010

0.800
±0.000
−0.130

1-1 剖面图

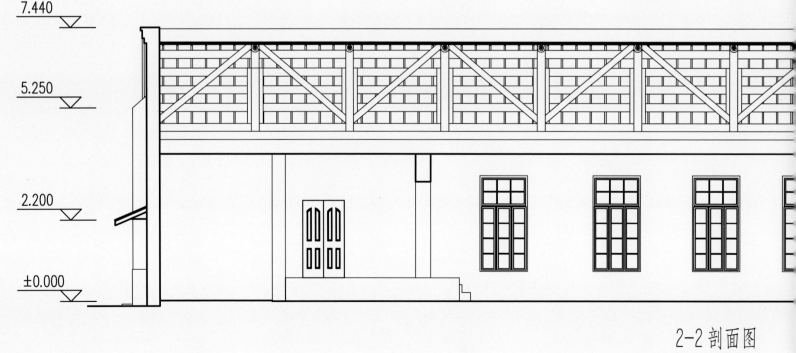

7.440

5.250

2.200

±0.000

2-2 剖面图

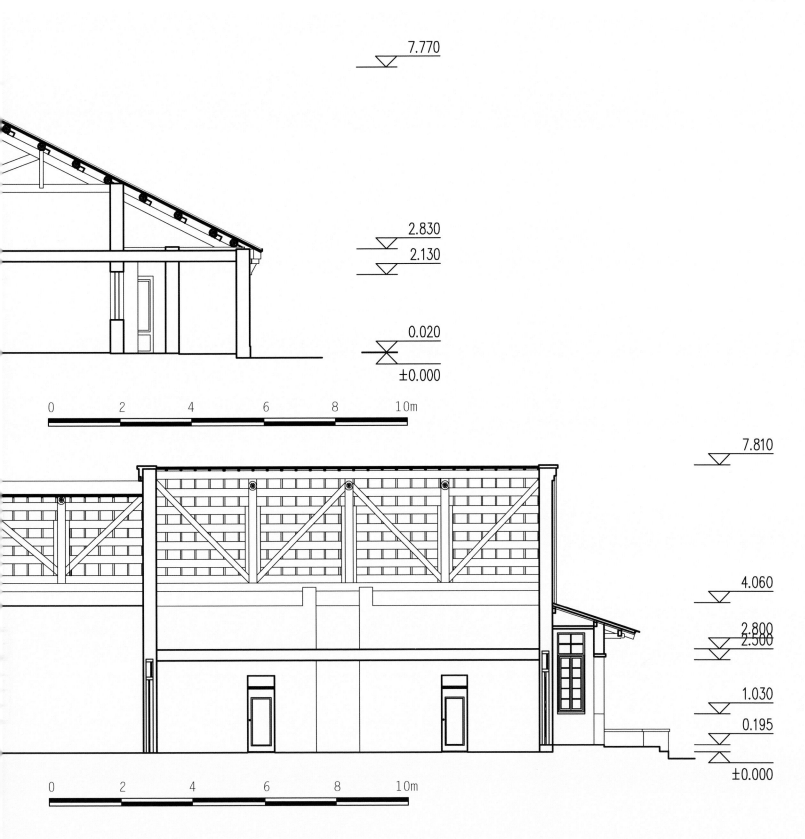

7.770

2.830
2.130

0.020
±0.000

0 2 4 6 8 10m

7.810

4.060

2.800
2.500

1.030

0.195

±0.000

0 2 4 6 8 10m

东西工字楼

建筑年代： 1949—1950 年。

建筑位置： 位于明伦校区南北次轴线（该轴线在明伦校区中轴线以西，自图书馆一直向南至原校西门，现名贡院路）两侧。

建筑面积： 2374 平方米。

建筑功能： 现在东工字楼为河南大学后勤服务总公司所在地；西工字楼东半部为河南大学保卫处、公安处、人民武装部、军事理论教研部办公之地，西半部系教职工住宅。

建筑特点： 因其平面呈"工"字形而得名，东侧叫东工字楼，西侧叫西工字楼。砖木结构，两层，青砖清水墙，红机瓦四坡顶，内廊式布置，楼梯、门窗及二层楼板均为木制，外观窗户的造型有设计玫瑰花图形的，有五角星图形的，亦带有向往共产主义意识形态的浪漫情怀。

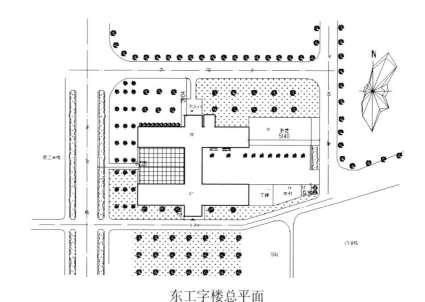

东工字楼总平面

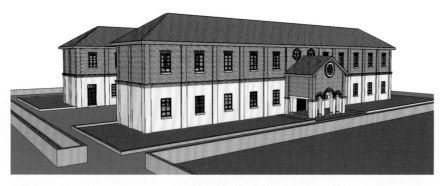

东工字楼效果图

工字楼砖瓦中，印有"公私合营 大中砖瓦厂"字样。据查，大中砖瓦厂系中华人民共和国成立前上海南汇区一家股份制砖瓦生产企业。现在东工字楼为河南大学后勤服务总公司所在地；西工字楼东半部为河南大学保卫处、公安处、人民武装部、军事理论教研部办公之地，西半部系教职工住宅。

东工字楼

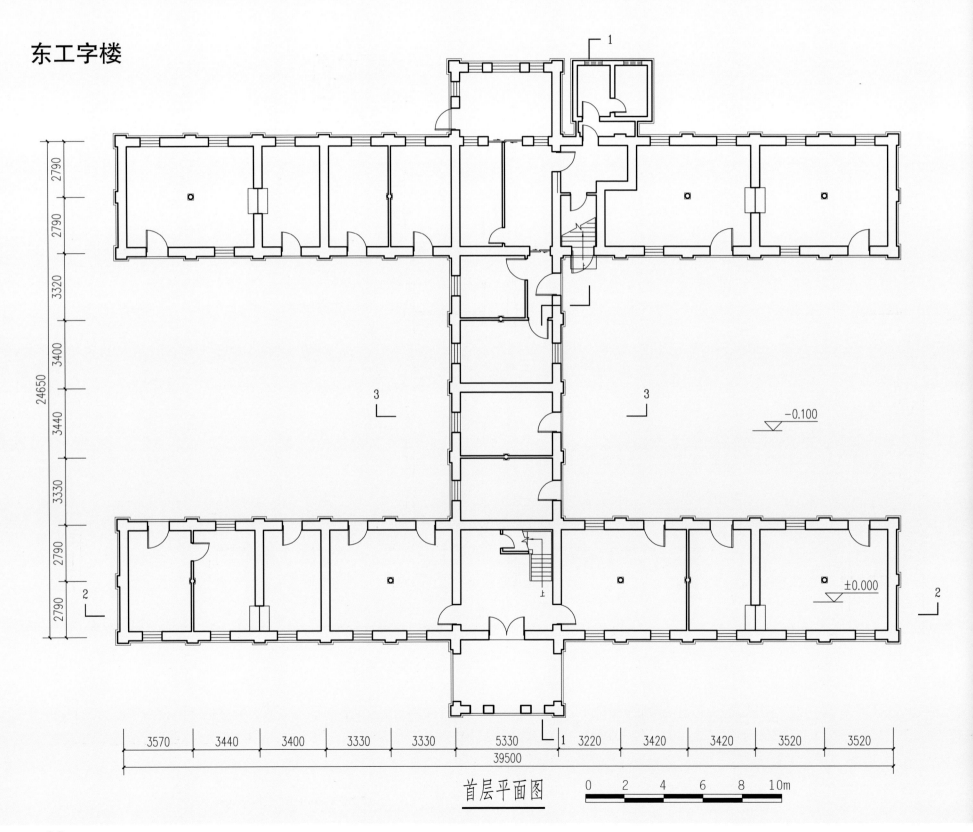

首层平面图

0 2 4 6 8 10m

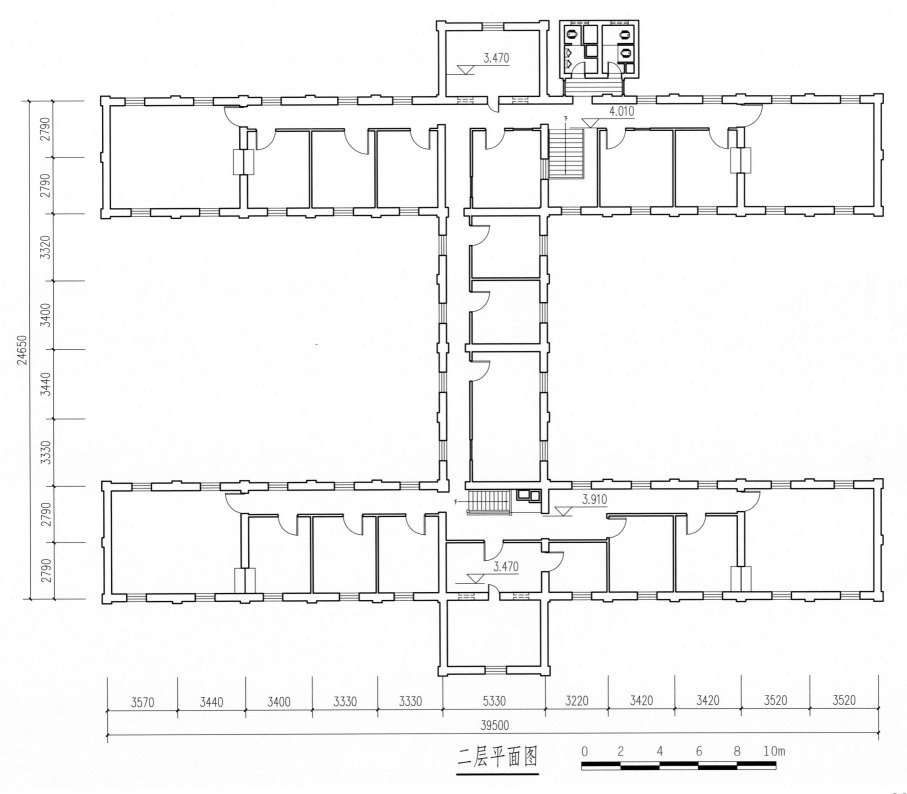

二层平面图

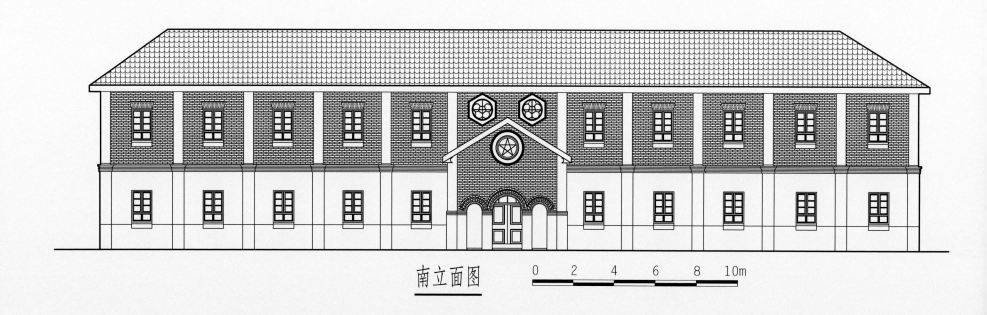

南立面图　　0　2　4　6　8　10m

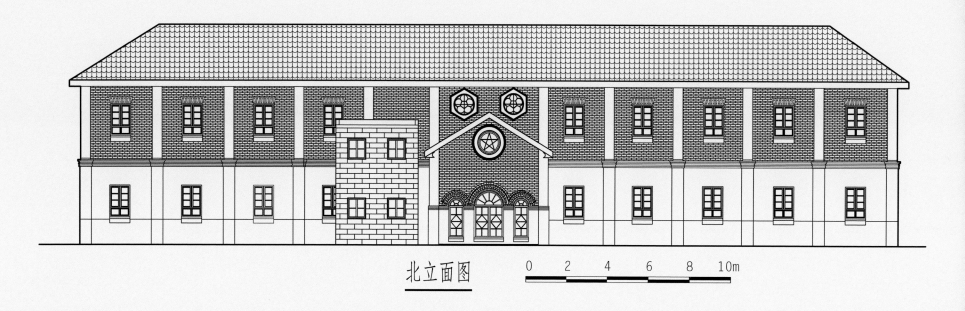

北立面图　　0　2　4　6　8　10m

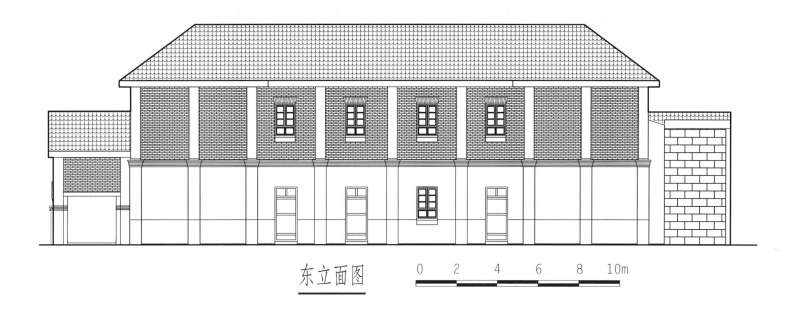

东立面图　　　　0　2　4　6　8　10m

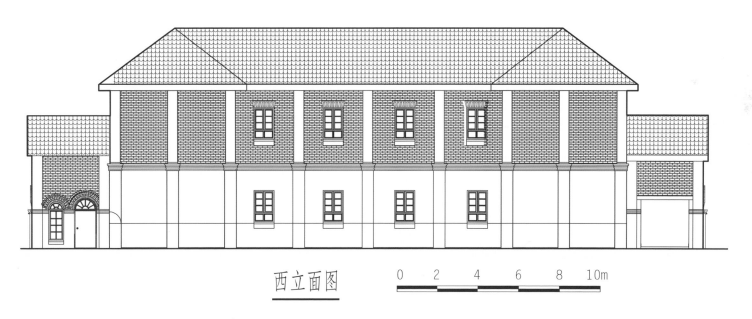

西立面图　　　　0　2　4　6　8　10m

1-1 剖面图

10.345

7.675

7.390

5.675

4.060

3.160

±0.000

−0.100

0   2   4   6   8   10m

2-2剖面图

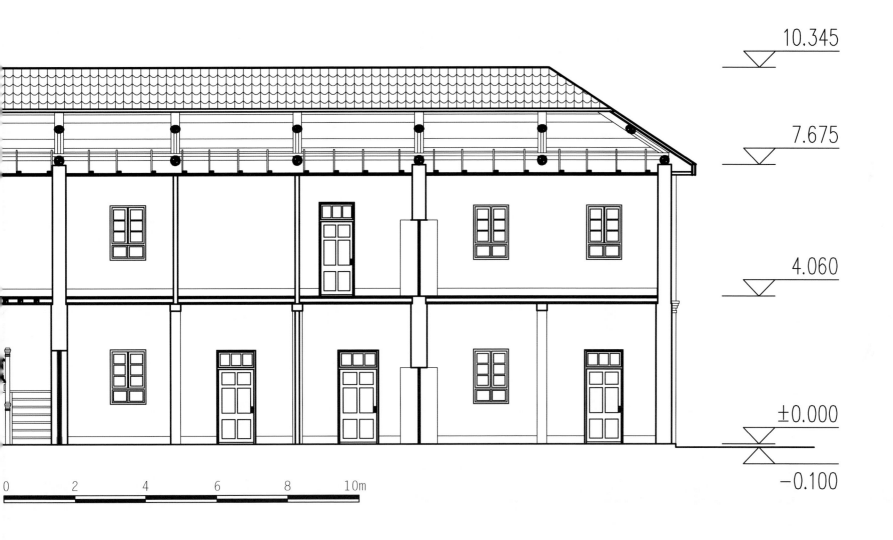

10.345

7.675

4.060

±0.000

−0.100

0   2   4   6   8   10m

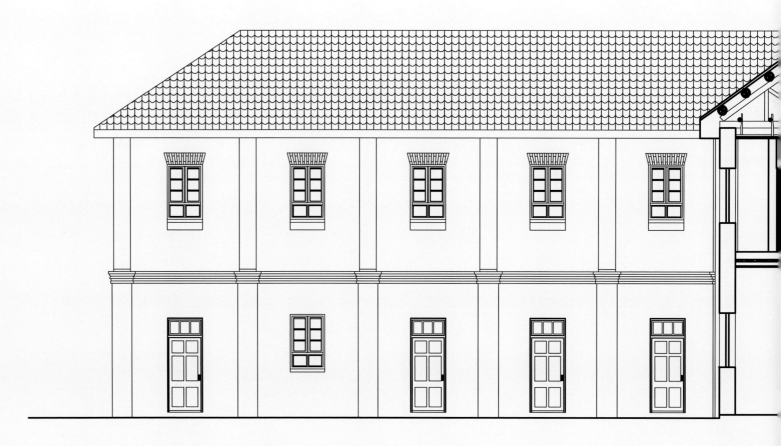

3-3 剖面图

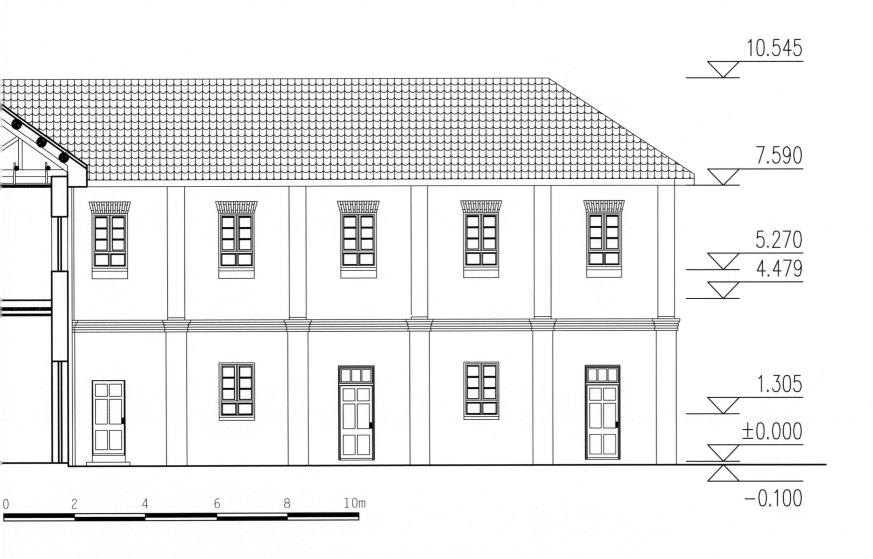

10.545

7.590

5.270
4.479

1.305

±0.000

−0.100

0   2   4   6   8   10m

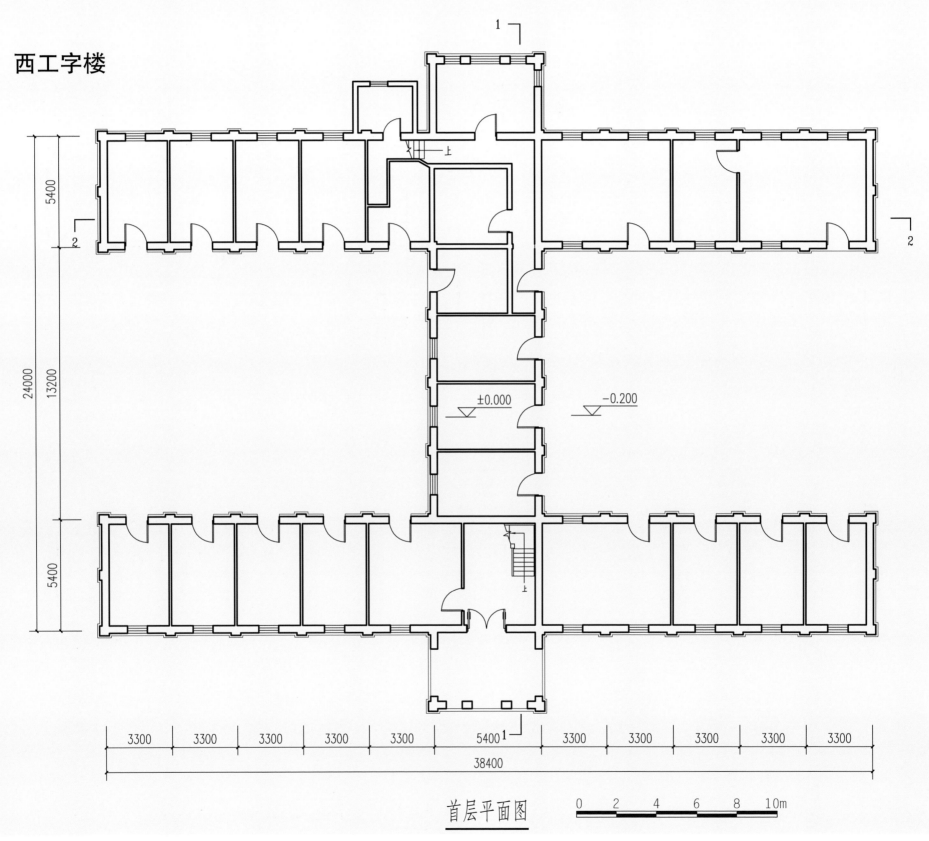

西工字楼

±0.000

−0.200

首层平面图

0　2　4　6　8　10m

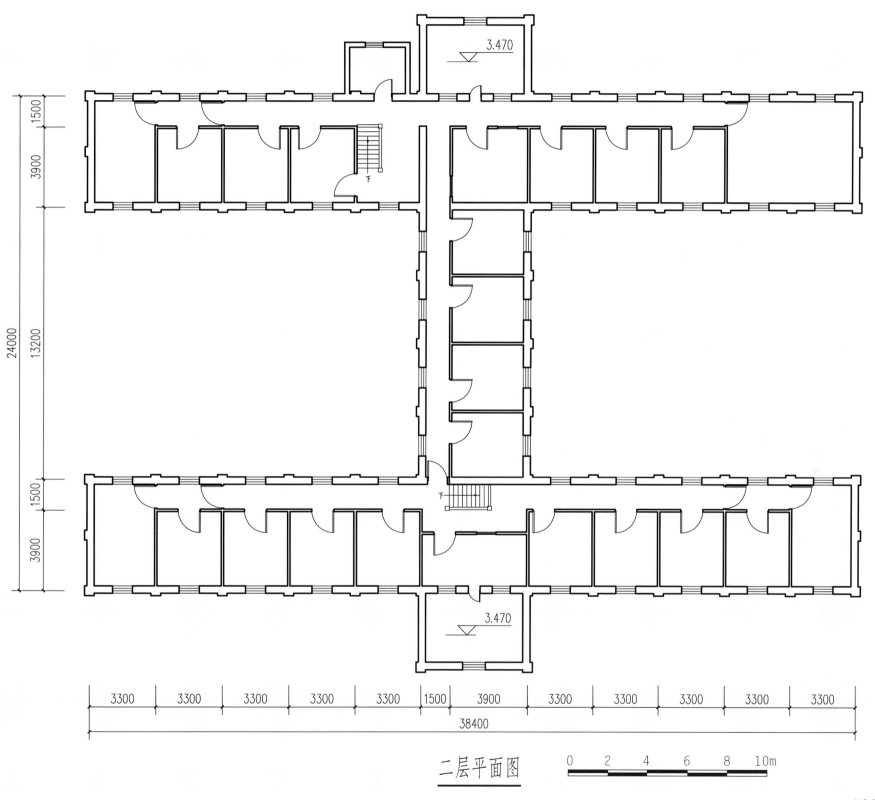

3.470

3.470

24000
1500
3900
13200
1500
3900

3300 3300 3300 3300 3300 1500 3900 3300 3300 3300 3300 3300
38400

二层平面图

0 2 4 6 8 10m

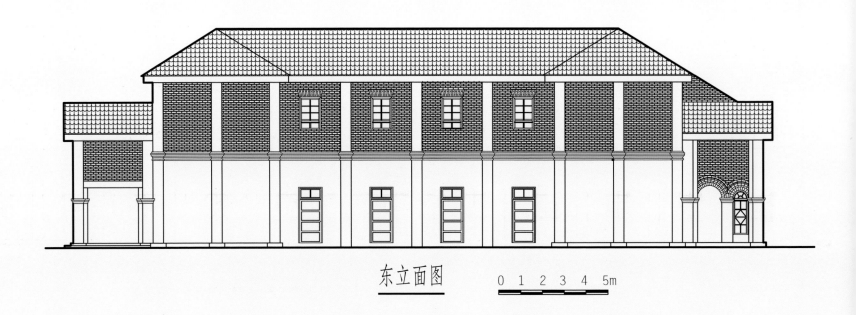

东立面图　　0 1 2 3 4 5m

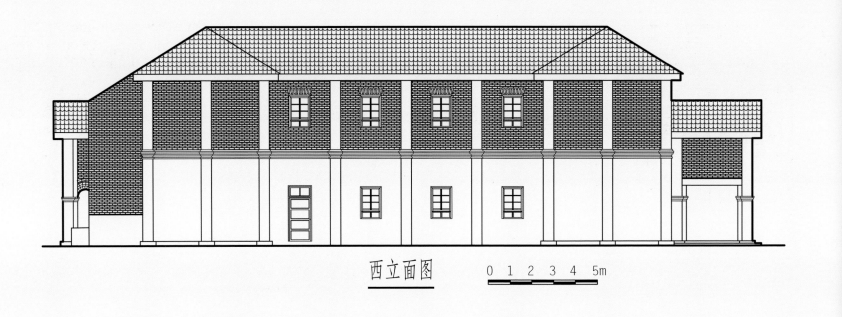

西立面图　　0 1 2 3 4 5m

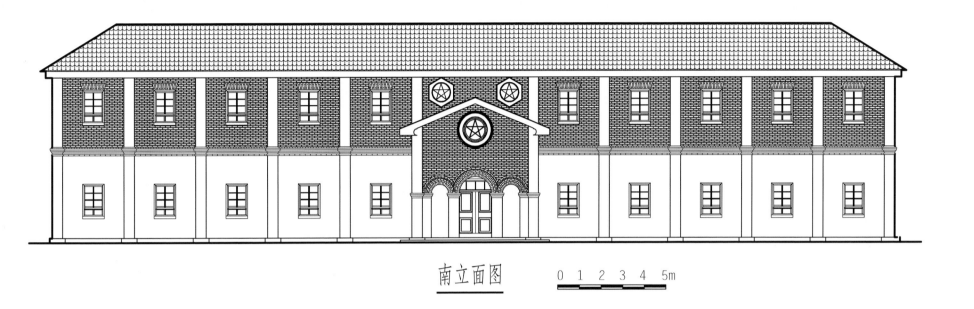

南立面图　　0 1 2 3 4 5m

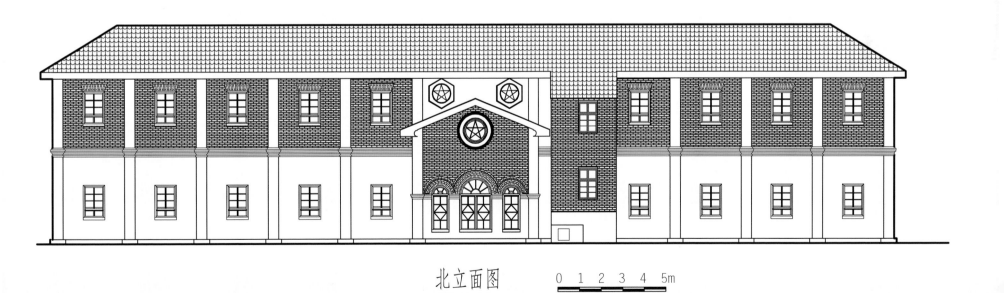

北立面图　　0 1 2 3 4 5m

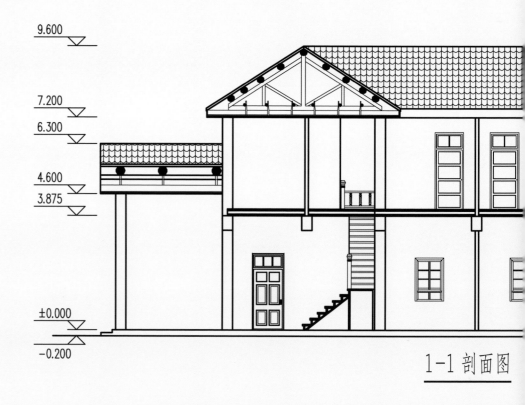

1-1 剖面图

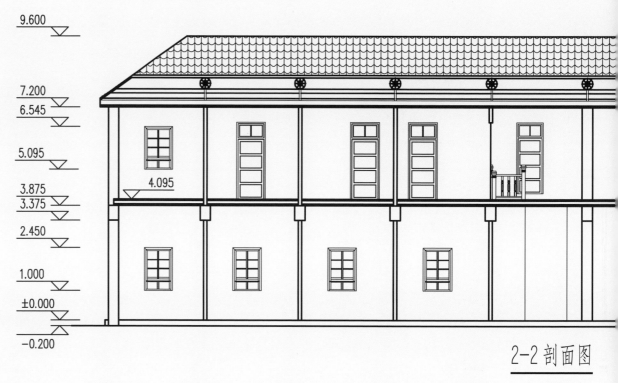

2-2 剖面图

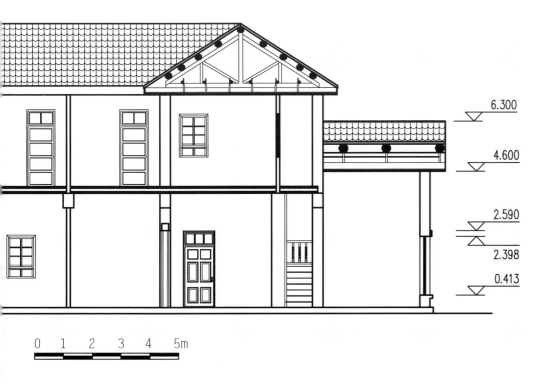

6.300

4.600

2.590

2.398

0.413

0　1　2　3　4　5m

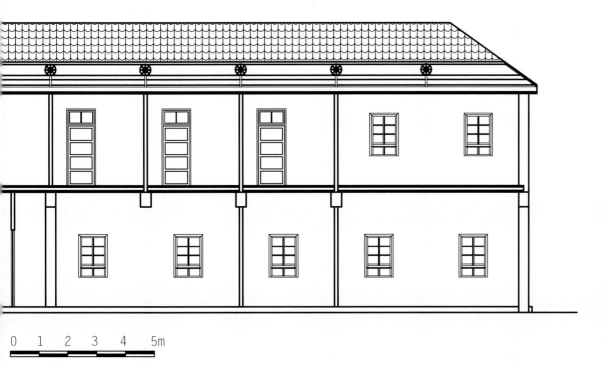

0　1　2　3　4　5m

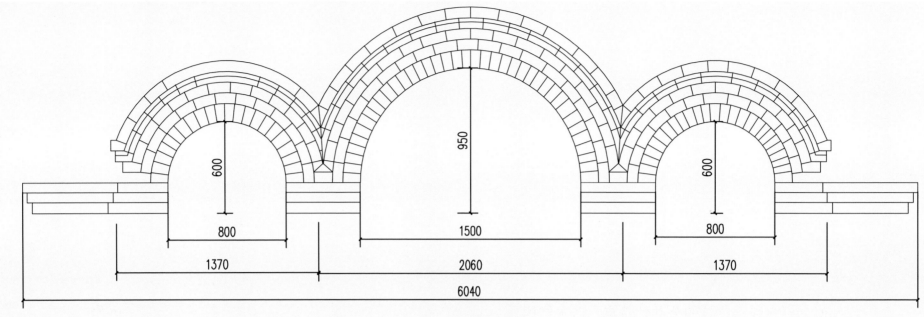

三连拱大样

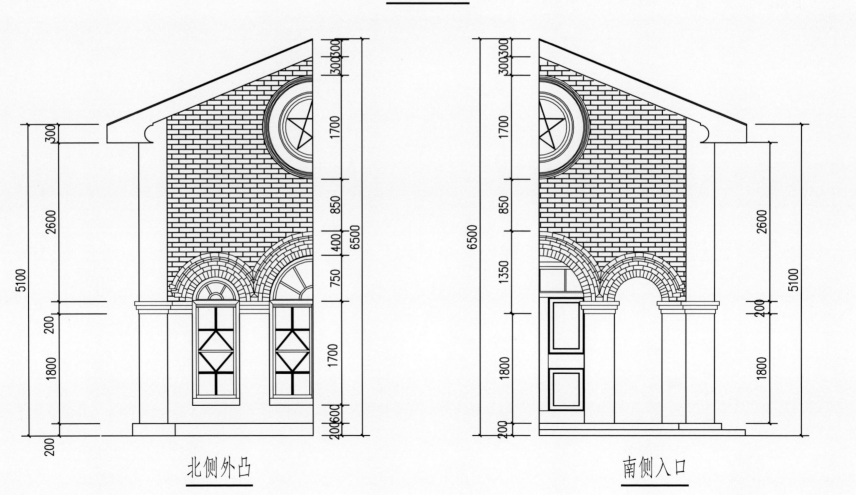

北侧外凸

南侧入口

八号楼

建筑年代： 1951—1953 年。

建筑位置： 位于中轴线西侧、南北次轴线东侧，呈对称布置，坐北朝南，北靠图书馆，南隔文荫路，与东工字楼隔路相对。

建筑面积： 1704 平方米。

建筑功能： 该楼现为公共体育教研部。

建筑特点： 建筑为两层，平面为一字形，东西长 54.86 米，南北深 15.45 米，占地面积 852 平方米。内廊式布置，南侧正中为主入口，内廊东西端头各设一出口，内部设两部木楼梯，走廊两侧为教室，根据需要划分为三间或四间，靠近走廊一边的窗下墙高度为 1 米，在走廊内就能看到教室上课状况，似乎更多强调建筑的公共性特点。砖木结构，一层为水泥地面，二层为木地板。外观青砖清水墙，窗下墙为水泥粉刷腰线，强调水平分割。屋顶为红色机平瓦，简化歇山式，前后坡各设四处出屋面排气孔，内部结构为三角形木屋架，每两榀屋架间南北金檩下设两道竖向剪刀撑，山花处设有通风百叶，地面沿建筑周围设有排水明沟。

八号楼效果图

室外照片

歇山内部做法

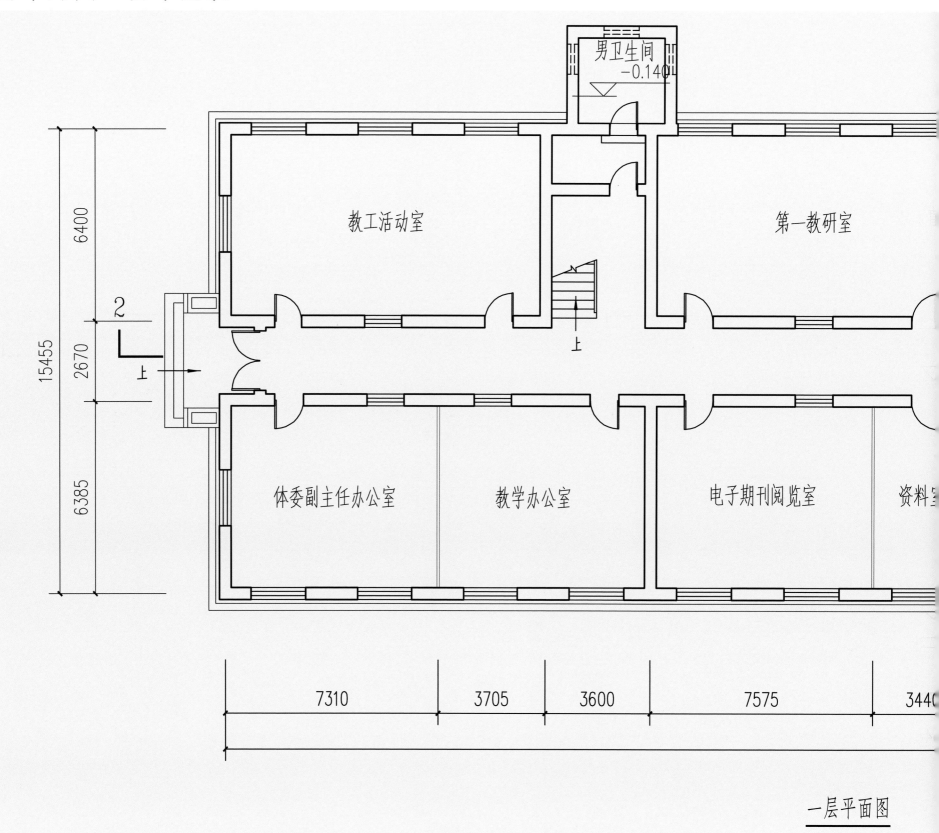

男卫生间
−0.140

教工活动室

第一教研室

6400

2

15455

2670

上

6385

体委副主任办公室

教学办公室

电子期刊阅览室

资料室

7310　　　　3705　　　　3600　　　　7575　　　　3440

一层平面图

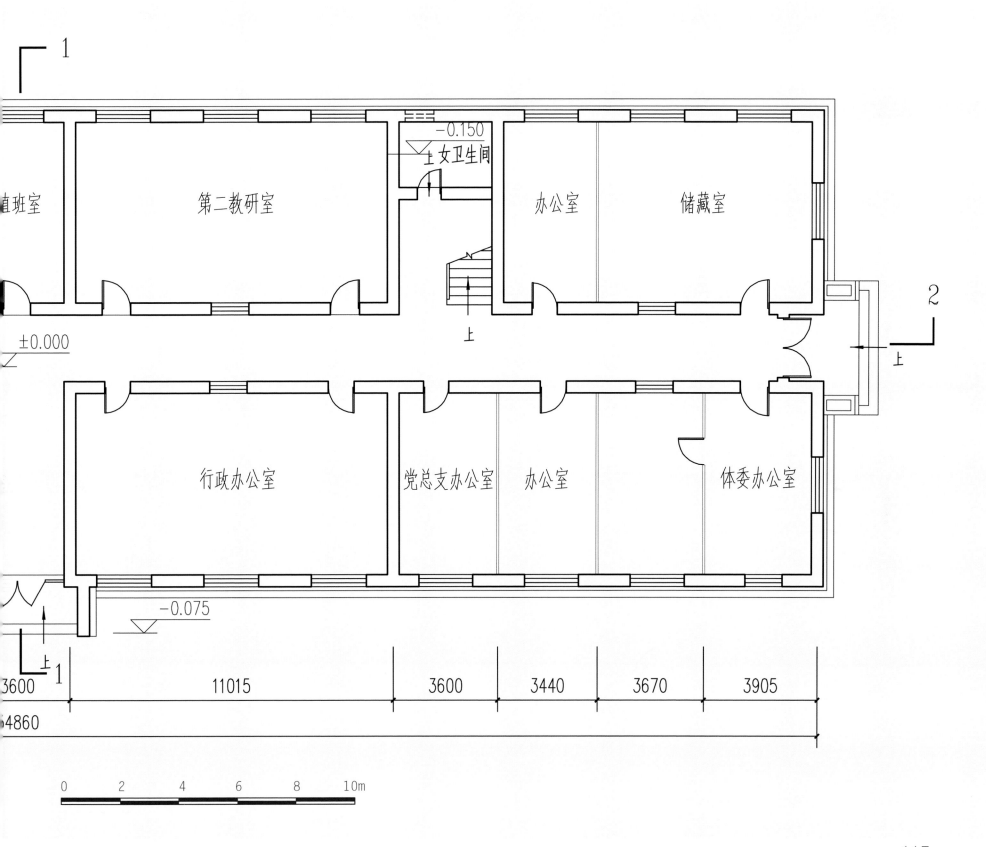

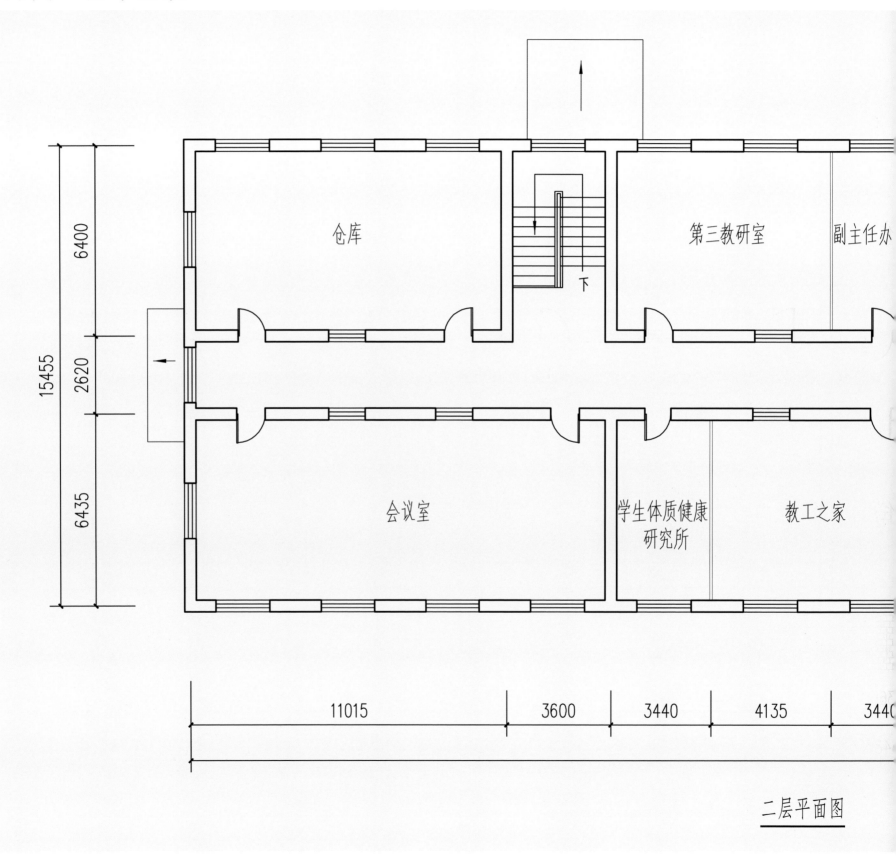

仓库

第三教研室

副主任办

会议室

学生体质健康
研究所

教工之家

6400

2620

15455

6435

11015

3600

3440

4135

3440

下

二层平面图

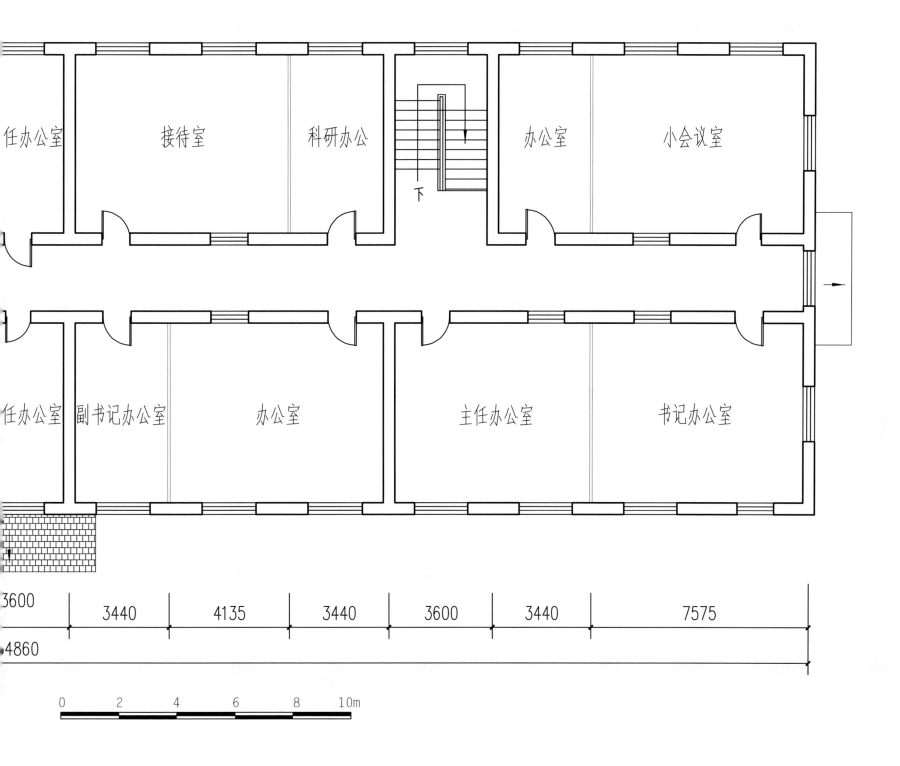

任办公室　接待室　科研办公　下　办公室　小会议室

任办公室　副书记办公室　办公室　主任办公室　书记办公室

3600　3440　4135　3440　3600　3440　7575

4860

0　2　4　6　8　10m

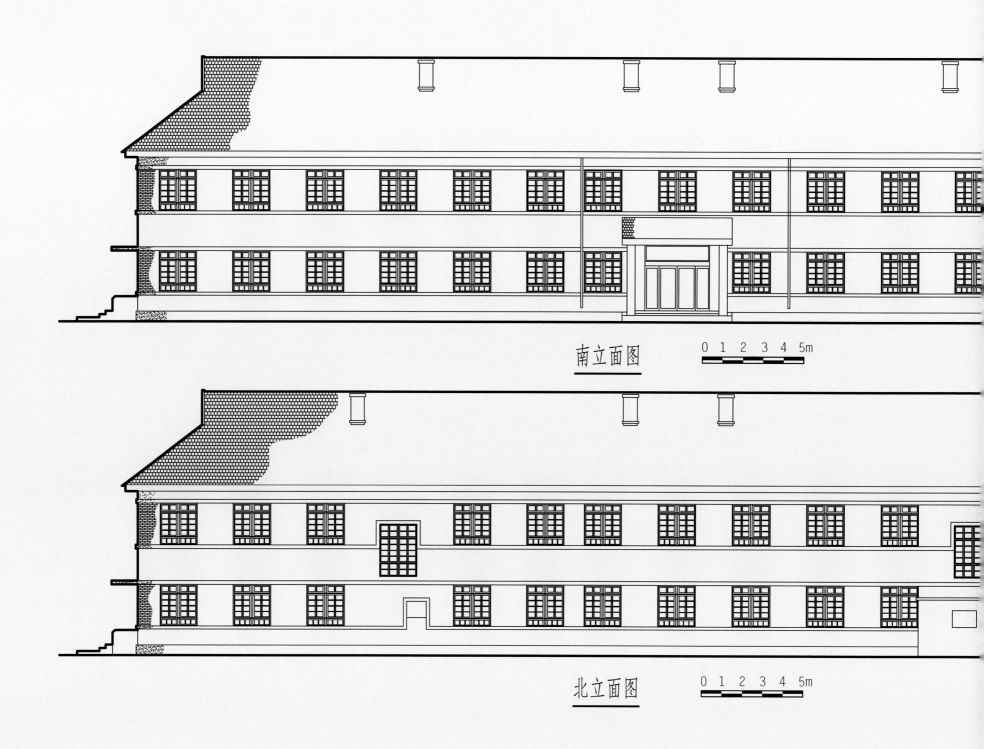

南立面图

0 1 2 3 4 5m

北立面图

0 1 2 3 4 5m

东立面图

0 1 2 3 4 5m

1-1 剖面图

0 1 2 3 4 5m

12.300

7.455
6.800

4.800
3.905
3.250

2.870

±0.000

-0.075

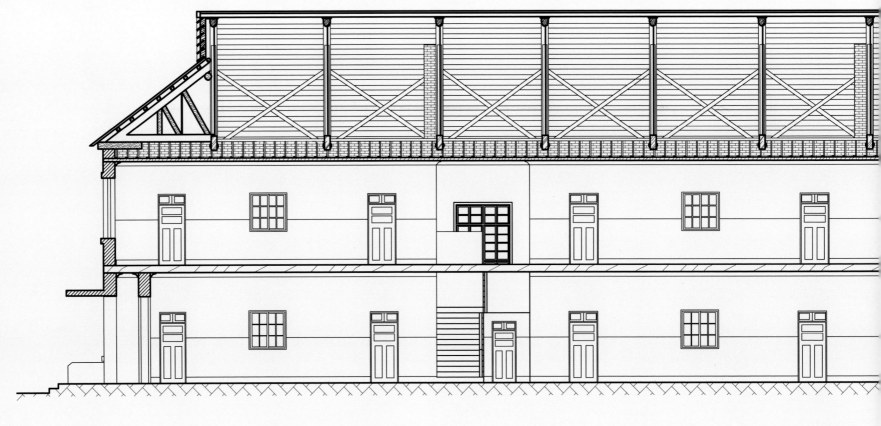

2-2剖面图

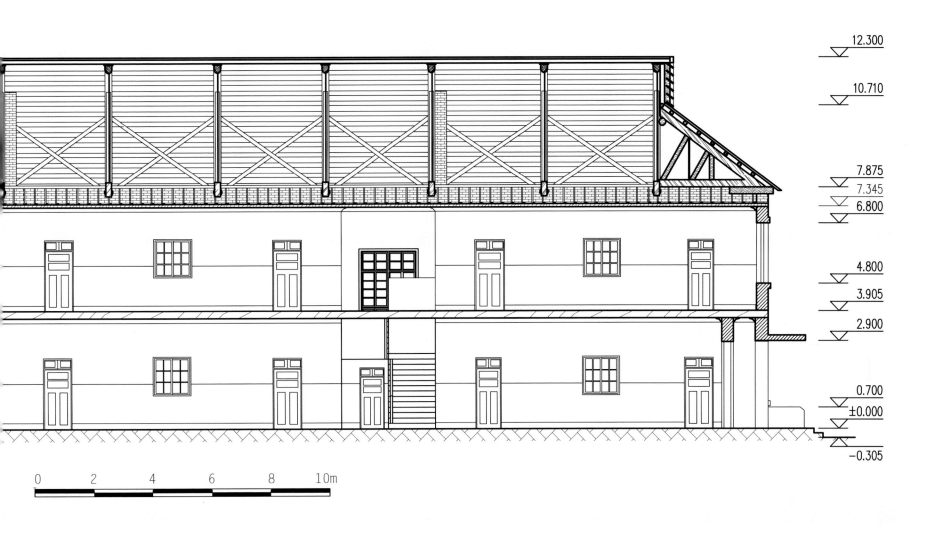

12.300

10.710

7.875
7.345
6.800

4.800

3.905

2.900

0.700
±0.000

−0.305

0　　2　　4　　6　　8　　10m

一号楼

建筑年代：1951—1952 年。

建筑位置：位于校园西路南北次轴线的西侧，呈对称布置，坐北朝南，北侧为科技馆，南为文荫路，西临校医院，东与老办公楼隔路相对。

建筑面积：2990 平方米。

建筑功能：原为河南大学医学院门诊楼，医学院迁郑州后用作开封师院办公楼，院办公楼建好后，该楼前半部用作后勤处办公，后半部为学校招待所（俗称老一招，南大门内六号楼以南的食堂叫二招，现已拆除）。现为中共河南大学离退休工作处、离退休教职工活动中心、老年大学、老年学研究所、书画研究院、关心下一代工作委员会所在地。

建筑特点：平面布局呈工字形，主体两层，正中局部三层。南面正中为主入口，门厅内左右各设一部 L 形木质楼梯，工字连廊北端设一步双跑楼梯。南北楼连接体在东西面开有偏门。外观青砖清水墙，屋面原为四坡顶，砖木结构，"文革"中被焚毁，后翻修时改为平顶。

实景照片二

实景照片一

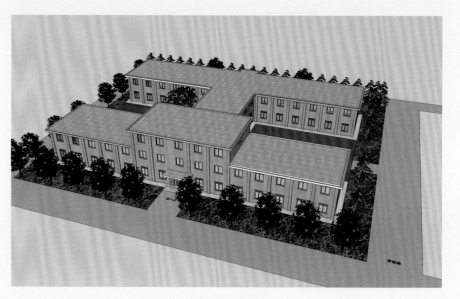

一号楼效果图

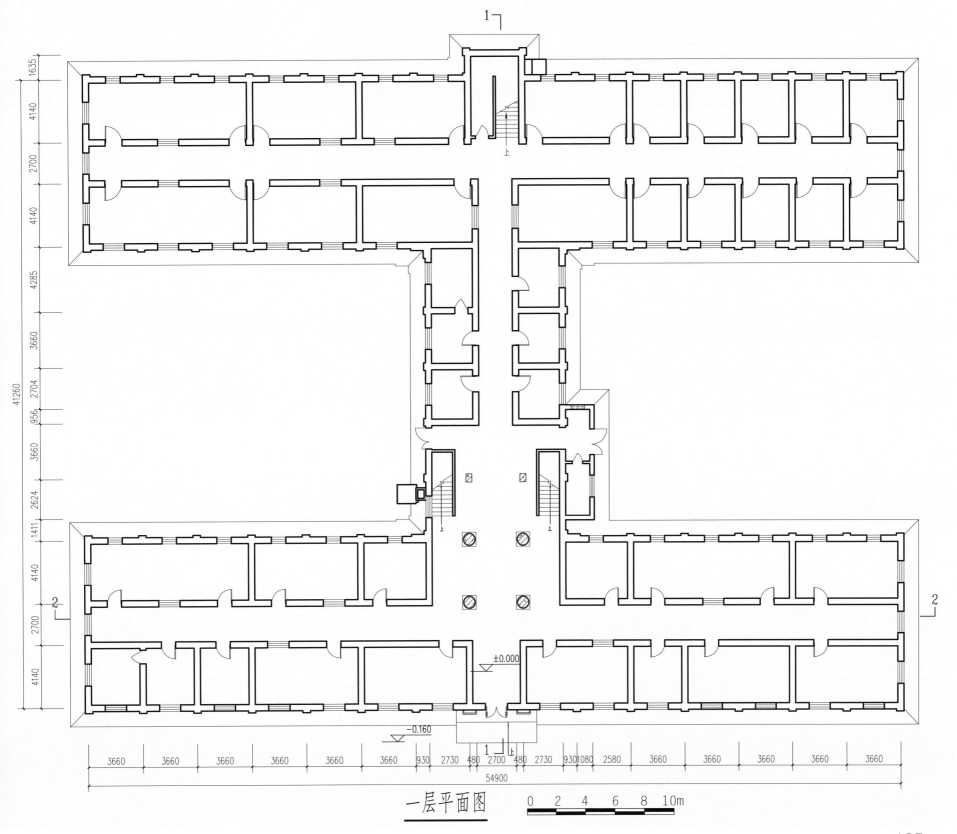

一层平面图

0 2 4 6 8 10m

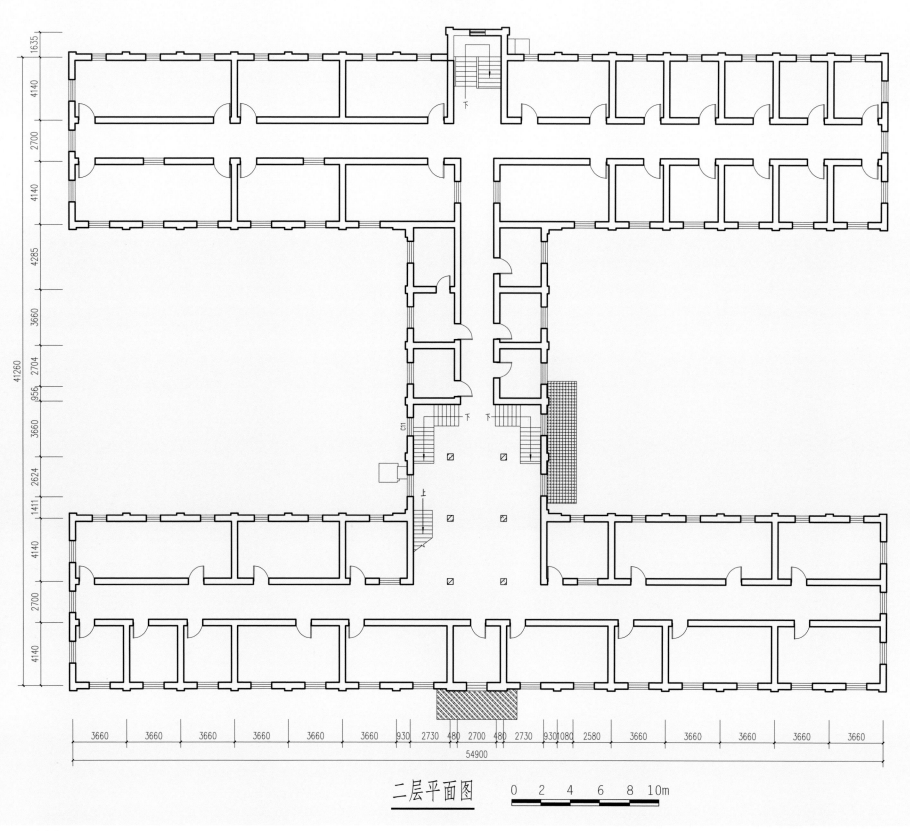

二层平面图　　0　2　4　6　8　10m

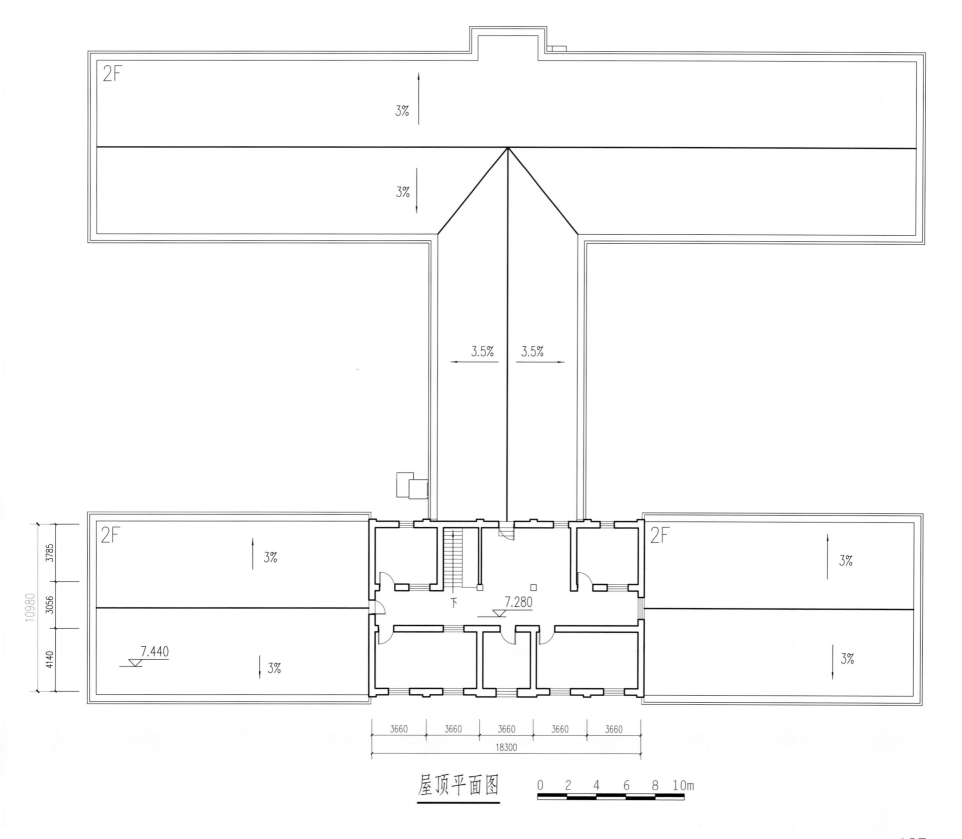

屋顶平面图

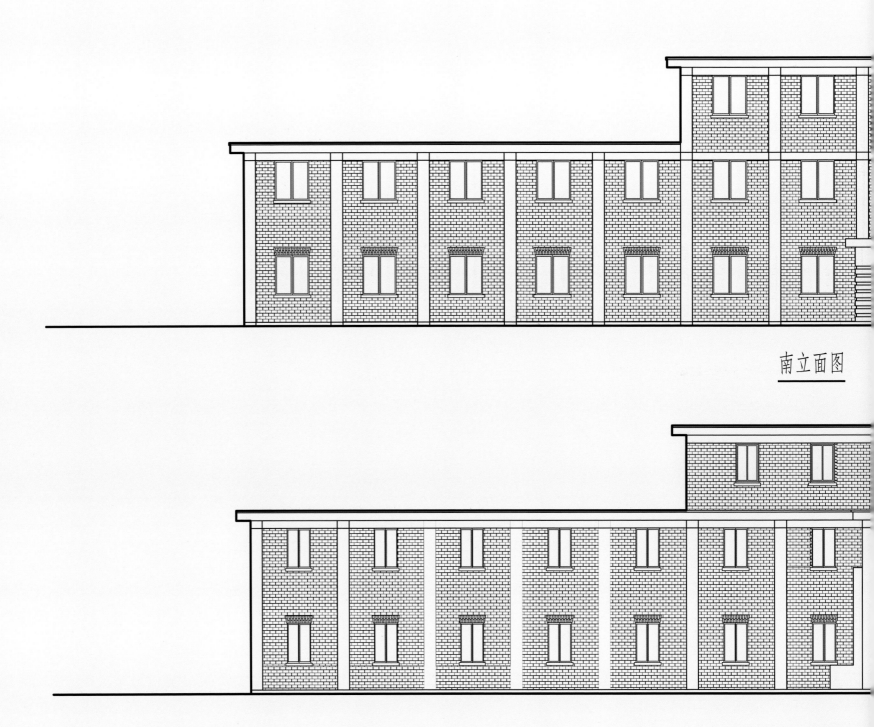

南立面图

北立面图

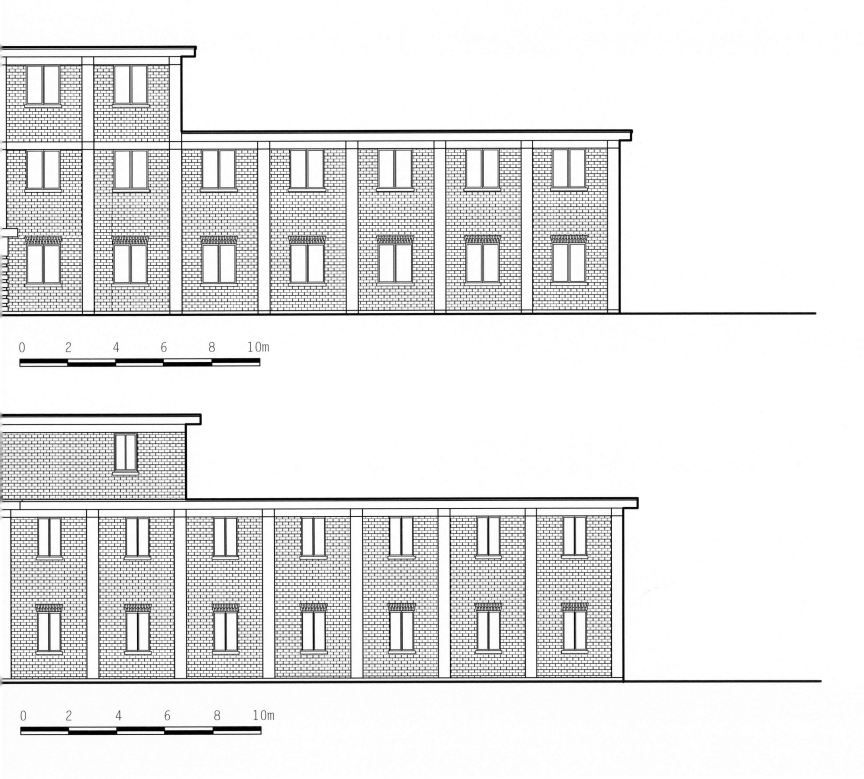

0 2 4 6 8 10m

0 2 4 6 8 10m

东立面图

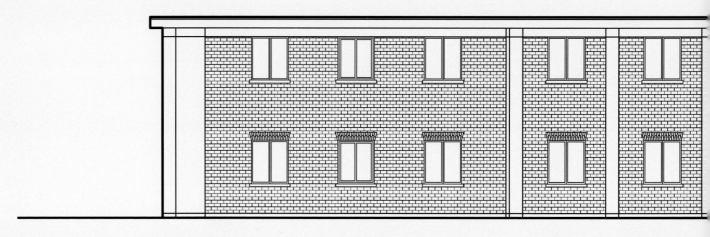

西立面图

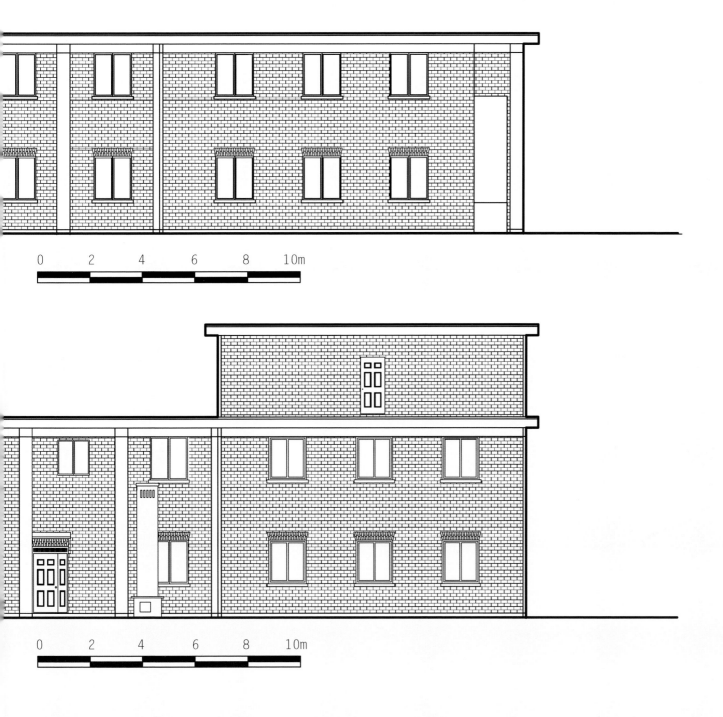

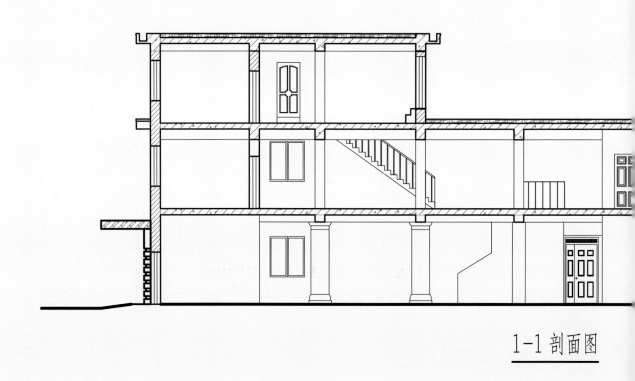

1-1 剖面图

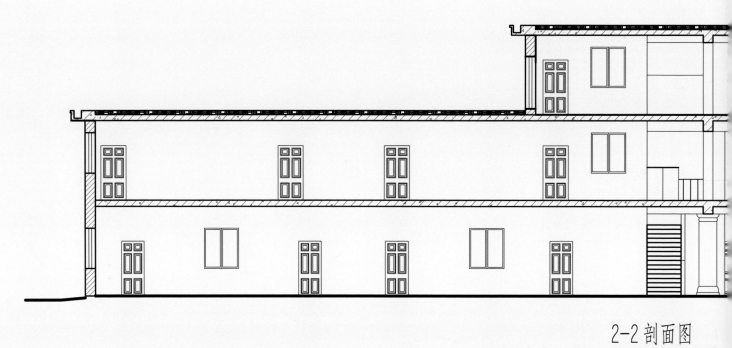

2-2 剖面图

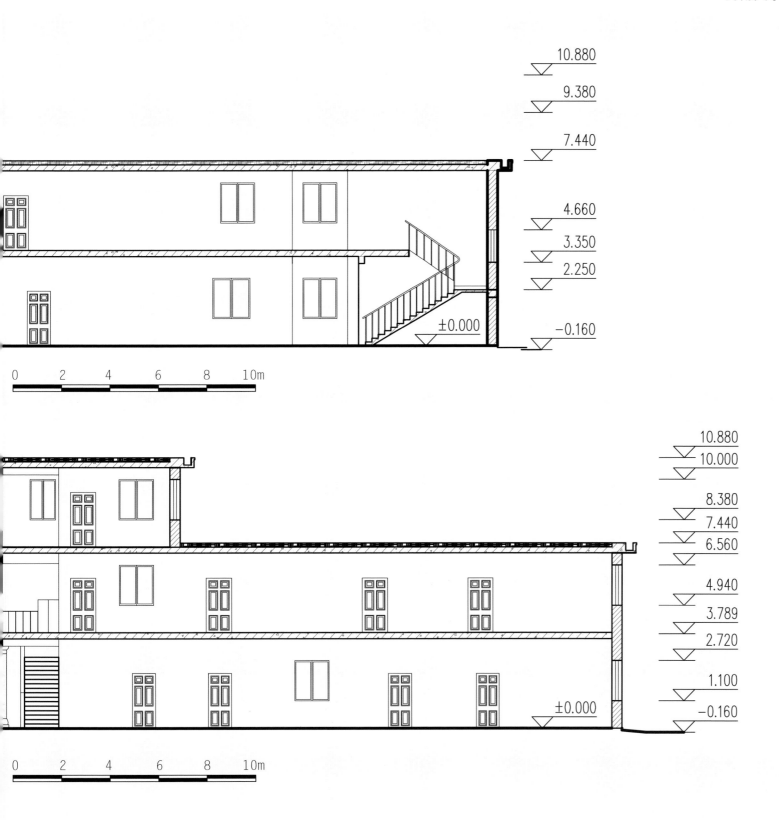

十号楼

建筑年代：1954—1955 年。

建筑位置：位于大礼堂西部、校西门内东西主干道（现名西月路）北侧，其西面距校西门约 100 米，东面与大礼堂隔琢玉路相望，南面是 1985 年建设的图书馆，北面与 1998 年建成的风雨操场相望。

建筑面积：10590 平方米。

建筑功能：十号楼曾经是中文、历史、政教等文科系的通用教室，现在仍为明伦校区主要教学楼之一。

建筑特点：这是一座在苏联专家指导下建于 20 世纪 50 年代的苏式建筑，又名尚学楼。砖混结构，主体三层，正中局部四层，平顶。十号楼平面复杂，迷宫式的布局，有效地解决了功能分区、各使用空间采光、通风以及高低空间竖向组合问题。这种平面组合为当时众多的复杂功能建筑综合体所首选，相比于传统"一字形"平面格局建筑更时尚合理。红砖清水墙的外观有别于大礼堂富丽堂皇的特质，间或点缀简单的图案装饰，显得既朴素无华，又庄严疏朗，体现教育建筑简洁明快的特点。

实景照片

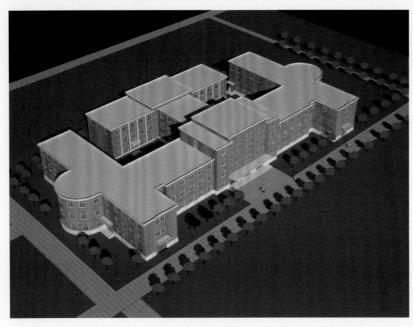

十号楼效果图

十号楼是当时河南省高校的重点建筑，由河南省基建局负责设计，建筑设计人孟繁星。他是根据功能要求大胆地把建筑平面构思成飞机状，故俗称"飞机楼"。飞机的两翼端部和飞机的北部即尾部均设计成大合班教室，这种设计巧妙地处理了合班教室自然采光与其他部分建筑高低错落的难题。十号楼内部布局更加精美，尤其是那长长的走廊、大红的柱子、半弧形的门厅，具有非常浓厚的苏联风格。苏式建筑以其功能主义的简约风格替代了中国固有式建筑风格，成为 20 世纪 50 年代建筑的主流，是中国向苏联学习的历史见证，是中苏友好的物质载体，是中国近代建筑向现代建筑转换的重要标志。

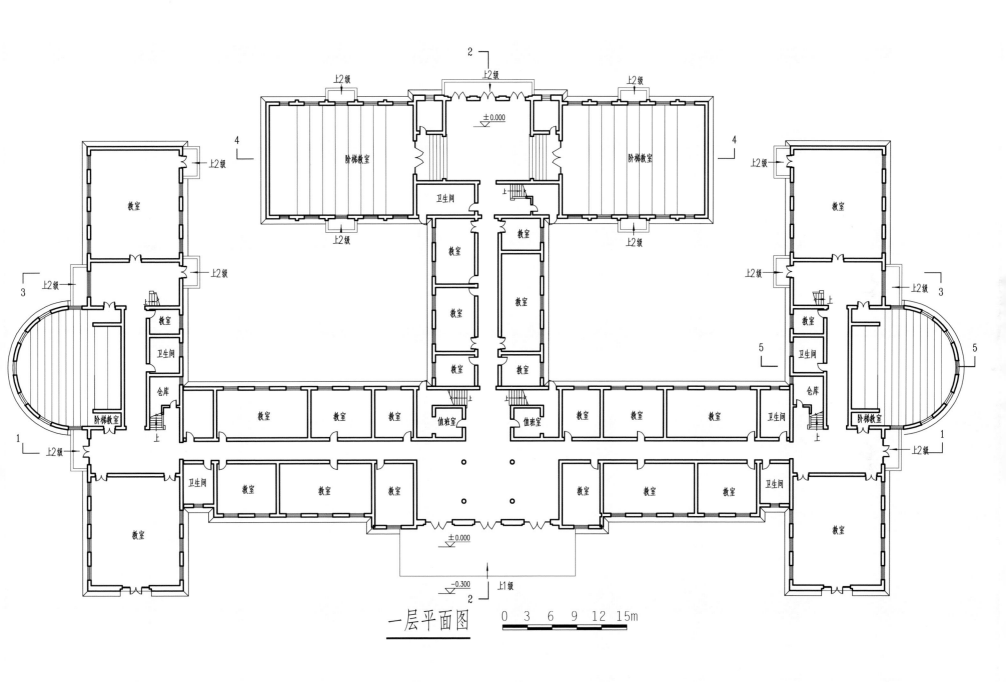

一层平面图　　0　3　6　9　12　15m

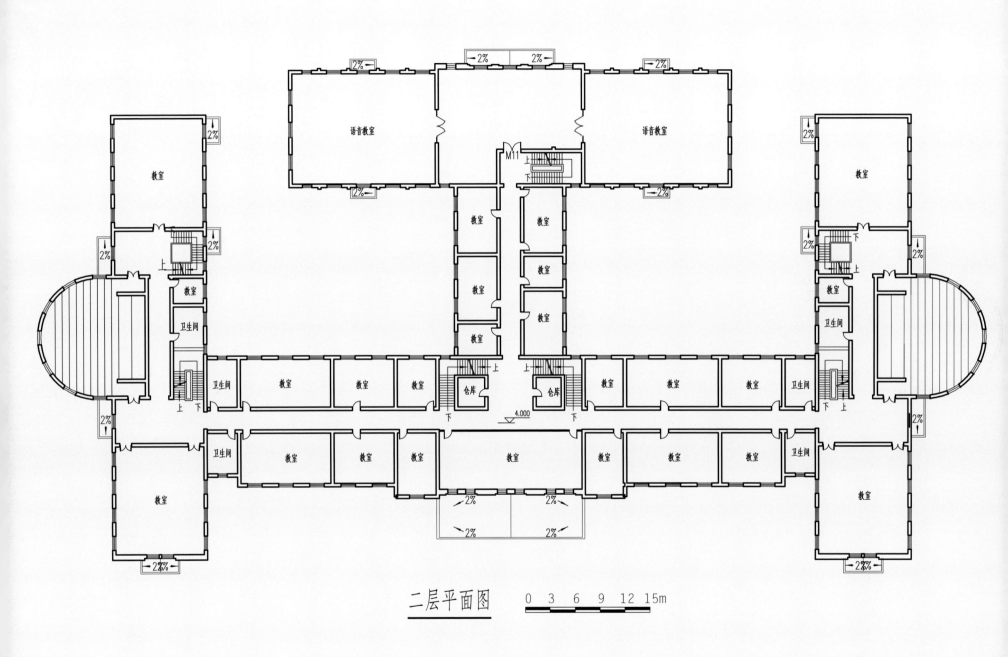

二层平面图　　0　3　6　9　12　15m

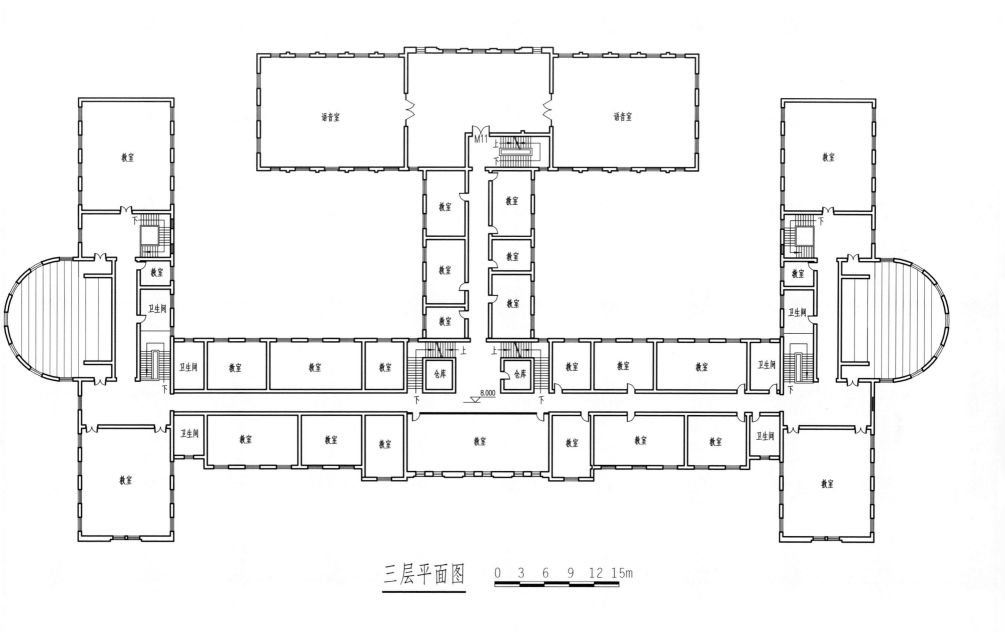

语音室　语音室　教室　教室　教室　教室　教室　教室　仓库　仓库　教室　教室　教室　卫生间　卫生间　M11　8.000

三层平面图　0　3　6　9　12　15m

南立面图

北立面图

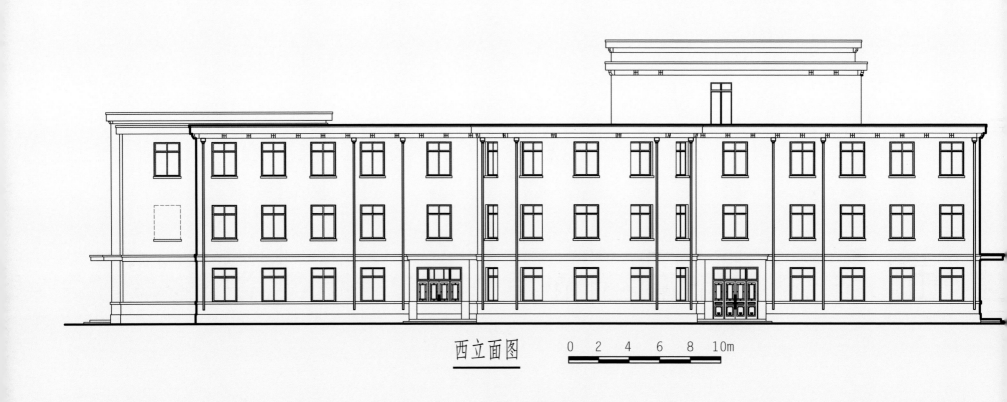

西立面图　　0　2　4　6　8　10m

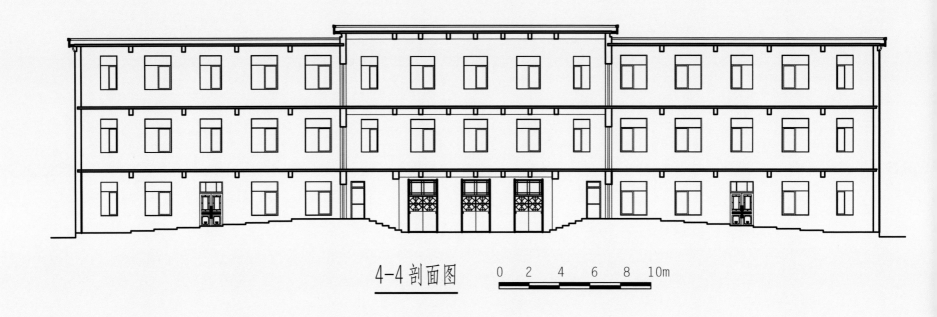

4-4剖面图　　0　2　4　6　8　10m

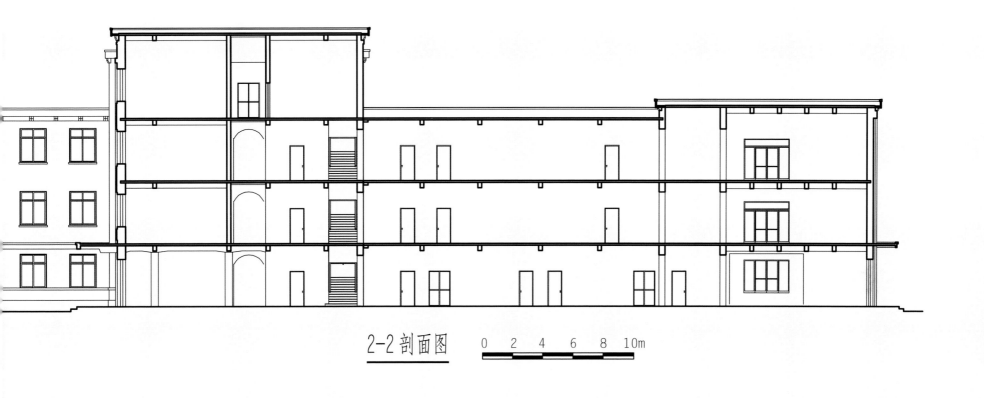

2-2 剖面图　　0　2　4　6　8　10m

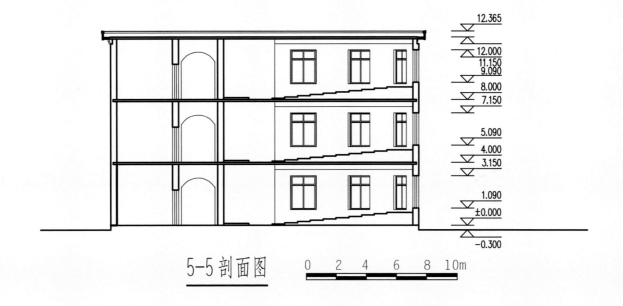

5-5 剖面图　　0　2　4　6　8　10m

12.365
12.000
11.150
9.090
8.000
7.150
5.090
4.000
3.150
1.090
±0.000
-0.300

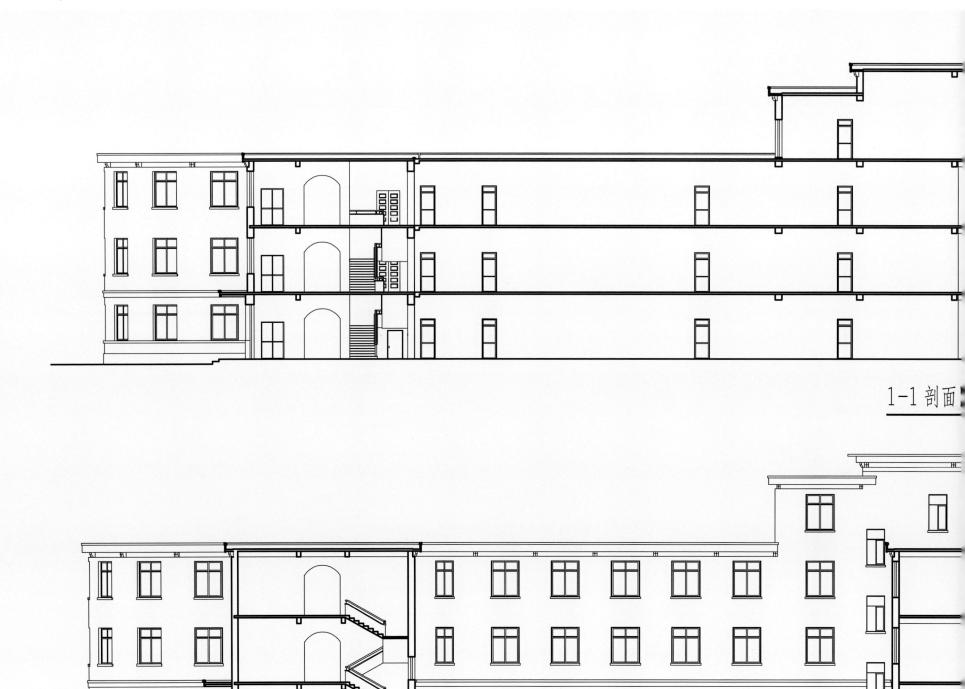

1-1 剖面

3-3 剖面图

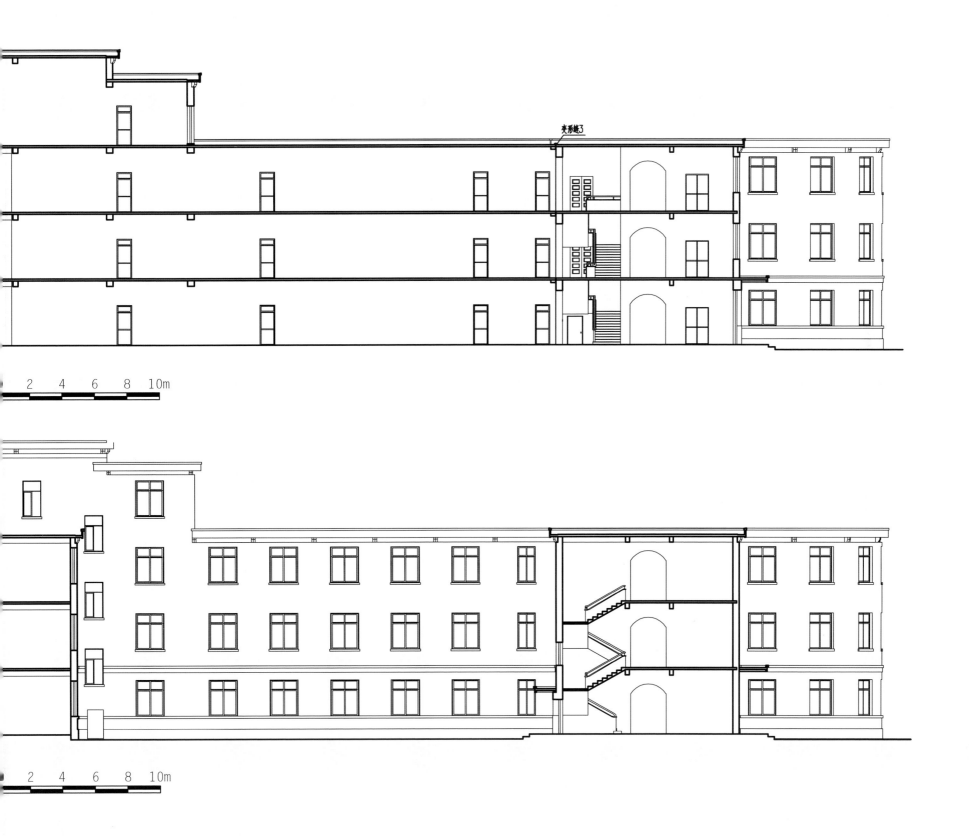

夹形统3

2 4 6 8 10m

2 4 6 8 10m

五号楼

建筑年代： 1959 年。

建筑位置： 位于南北次轴线西侧，西工字楼西南方向。其南面与后来新建的研究生院楼相望，西面是学三公寓，北面西半部是新建的浴池，东北与西工字楼、文学馆相邻。

建筑面积： 4301.16 平方米。

建筑功能： 该楼现为新闻与传播学院使用。

建筑特点： 原名开封师院生物地理楼，设计单位为河南省建筑工程厅设计院，建筑设计李福铭，校对张志伟，给水卫生消防审核孔庆馀，设计沙王辈，暂行统一定型构件由河南省城市设计院设计。这时期的建筑在材料和施工方面，体现出对工业化成果的利用尝试：钢筋混凝土梁代替传统木梁，最早出现在该楼最初的设计图纸中。现在看来建筑结构上最简单的简支梁构件在当时属新生事物，专门由河南省城市设计院设计的《在常温下预制矩形小梁有关说明及施工细则》、模板图、吊装图等暂行统一构件可以说明这一点。

该楼呈对称布置，坐北朝南，平面为 H 形，中部三层，两翼两层，东西长 84.30 米，南北深 28.20 米。因建筑平面较长，对称位置设有两道变形缝，内廊布置，出入口共设三处，南侧正中为主入口，内廊东西端头各设一出口，内部共设两部楼梯，走廊两侧为教室，根据需要划分为一间、两间或三间。主体为砖混结构，一层为水泥地面，二三层为水泥预制板，门厅两间，为井字梁结构。外观红砖清水墙，局部水泥粉刷图案，深褐色铝合金窗，立面窗套竖向连体，强调竖向分割，门为木质平开。屋顶为出檐平顶，檐下做线脚图案。

实景照片一

实景照片二

五号楼效果图

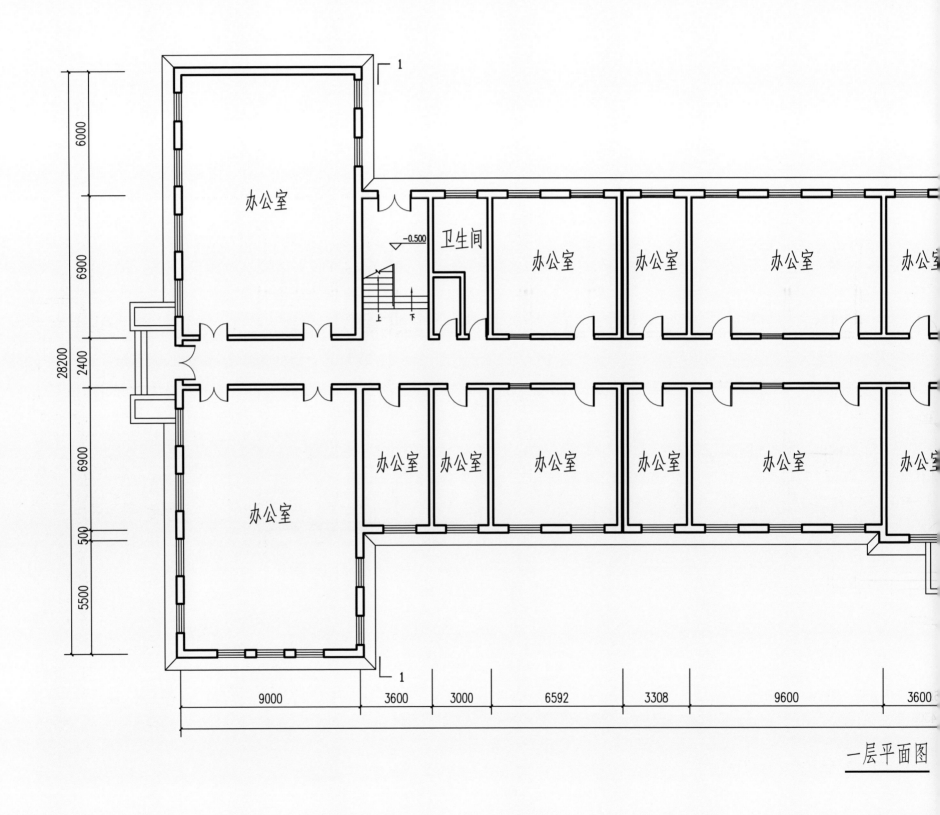

一层平面图

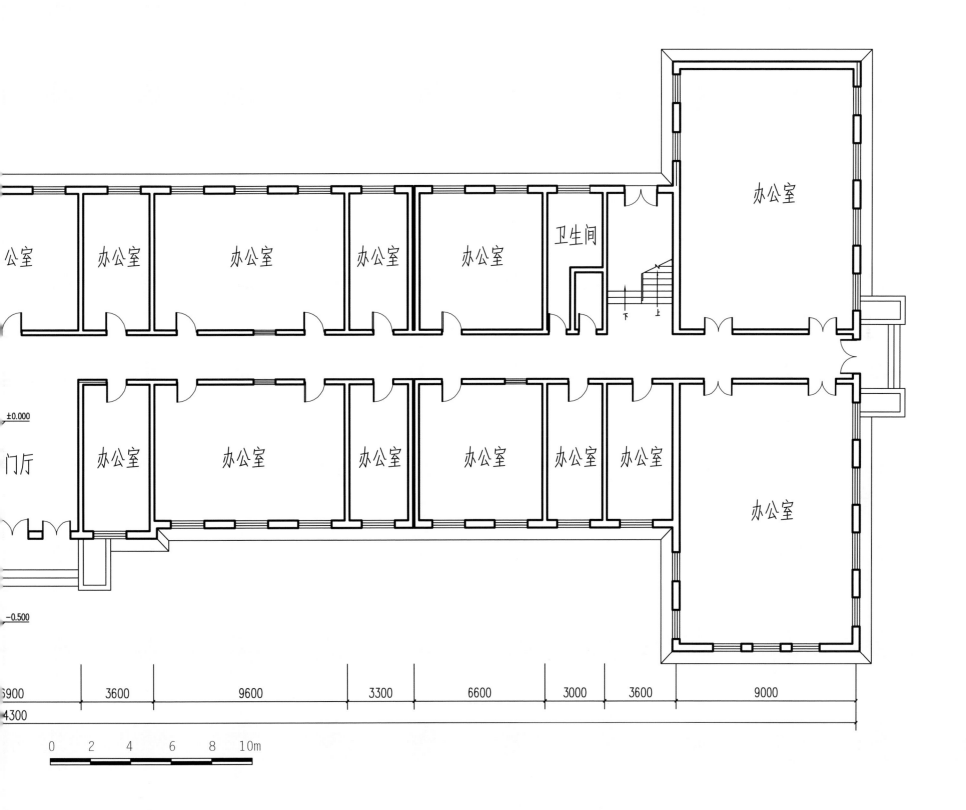

办公室

公室 办公室 办公室 办公室 办公室 卫生间 下 上

±0.000

门厅 办公室 办公室 办公室 办公室 办公室 办公室

办公室

−0.500

6900 3600 9600 3300 6600 3000 3600 9000

4300

0 2 4 6 8 10m

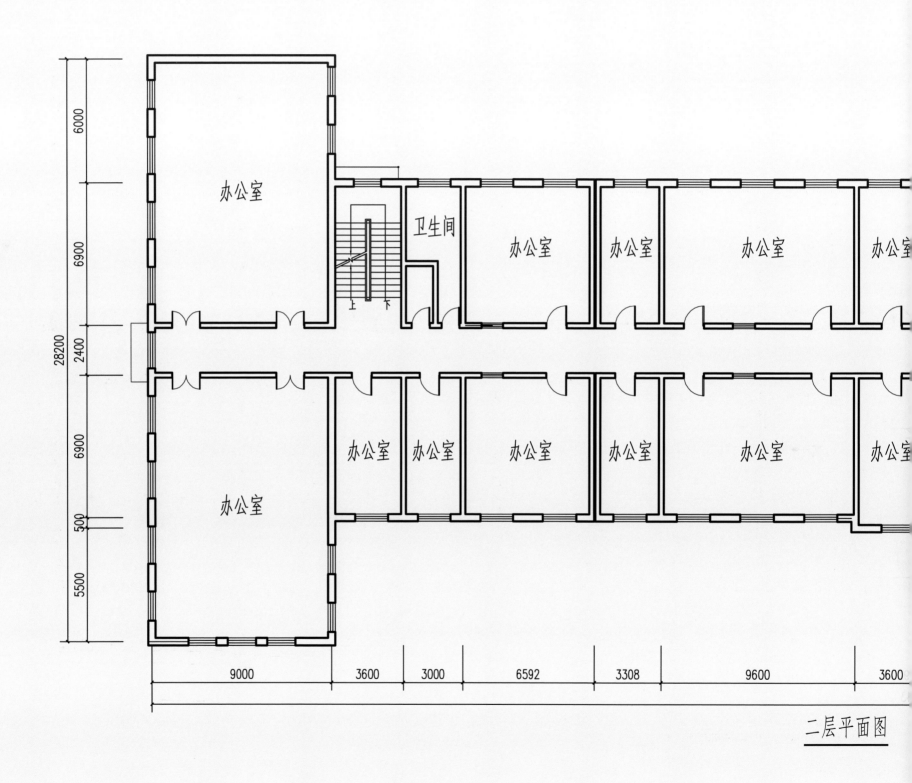

二层平面图

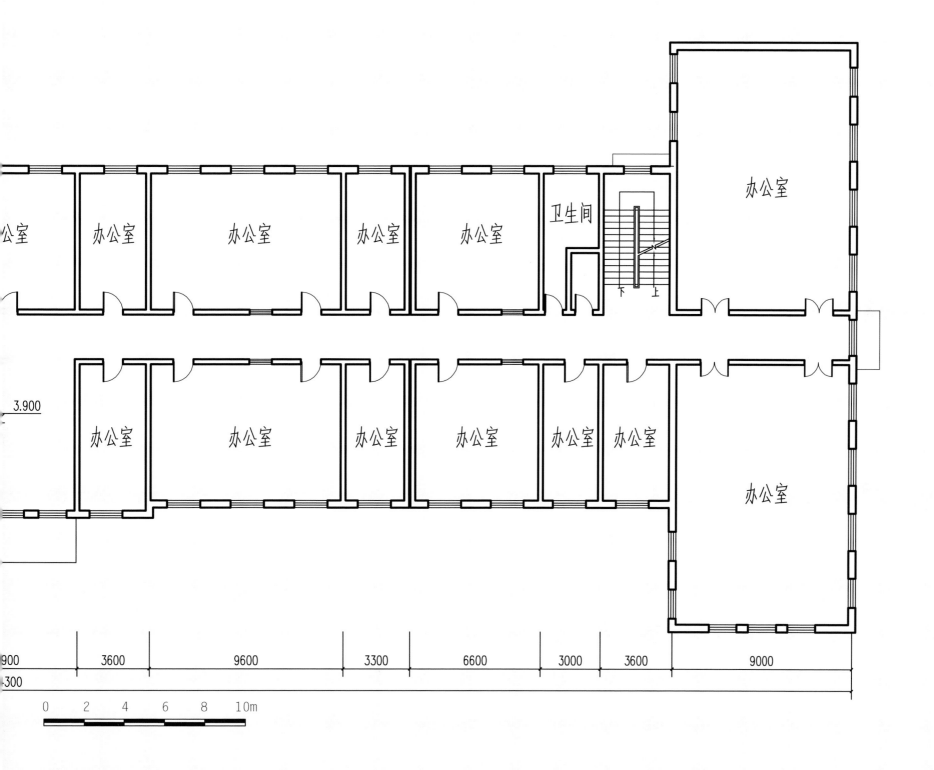

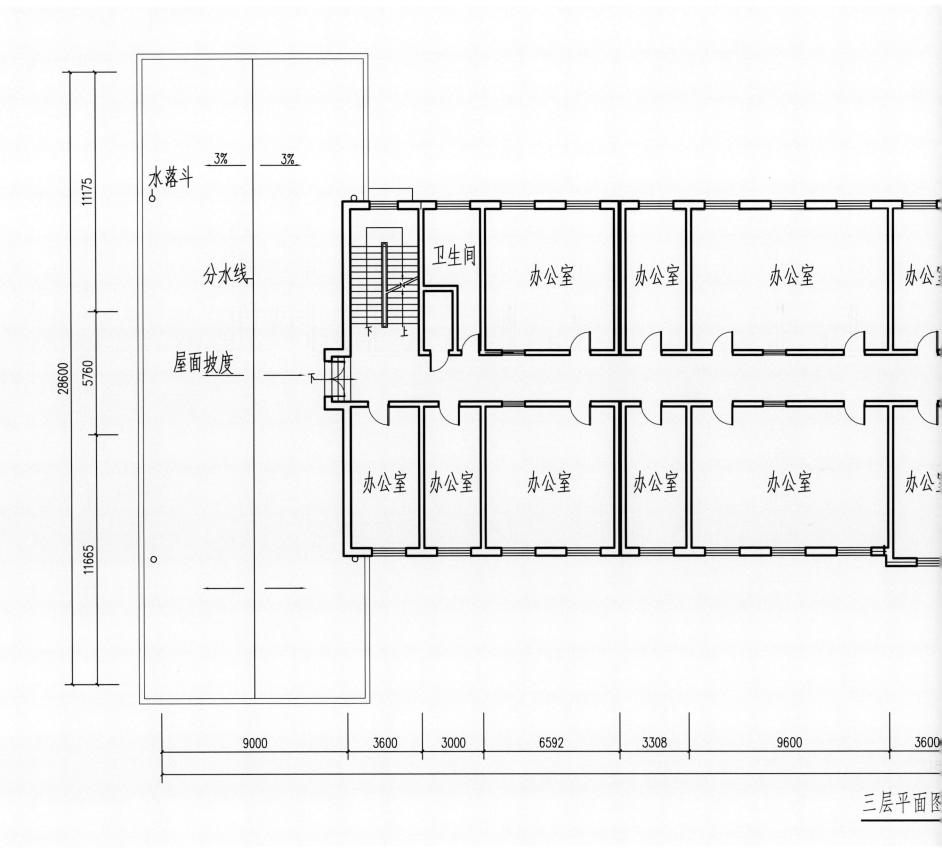

三层平面图

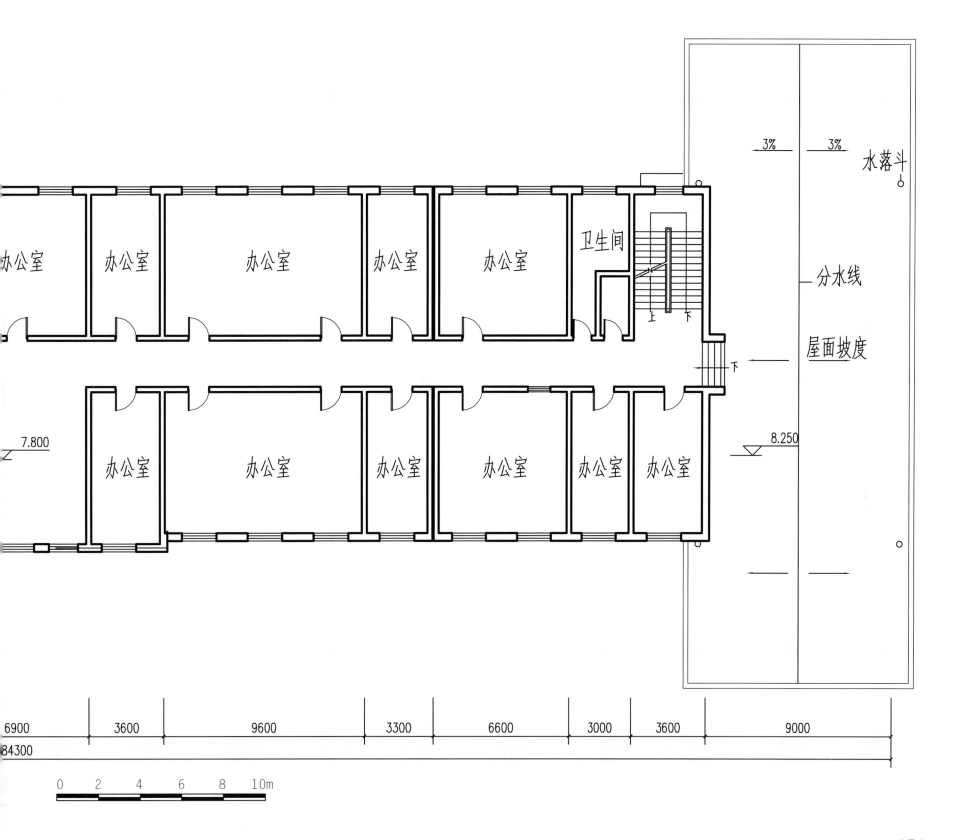

办公室 办公室 办公室 办公室 办公室 卫生间

3% 3% 水落斗

分水线

屋面坡度

上 下 下

7.800

8.250

办公室 办公室 办公室 办公室 办公室 办公室

6900 3600 9600 3300 6600 3000 3600 9000

84300

0 2 4 6 8 10m

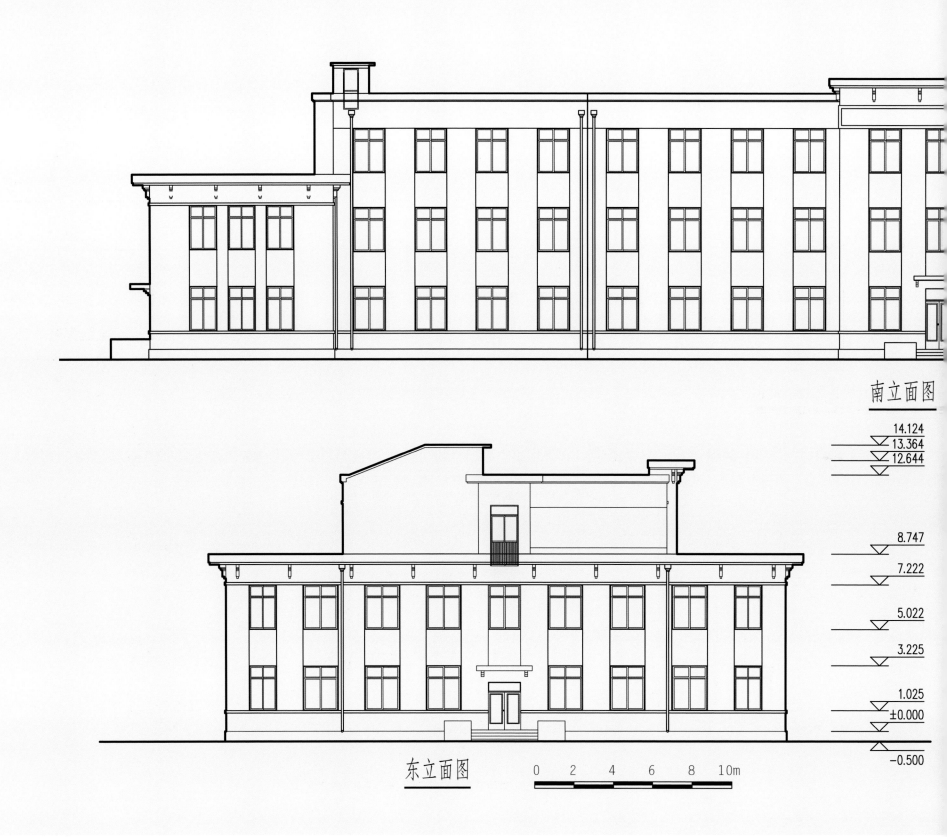

南立面图

14.124
13.364
12.644

8.747

7.222

5.022

3.225

1.025
±0.000

−0.500

东立面图

0   2   4   6   8   10m

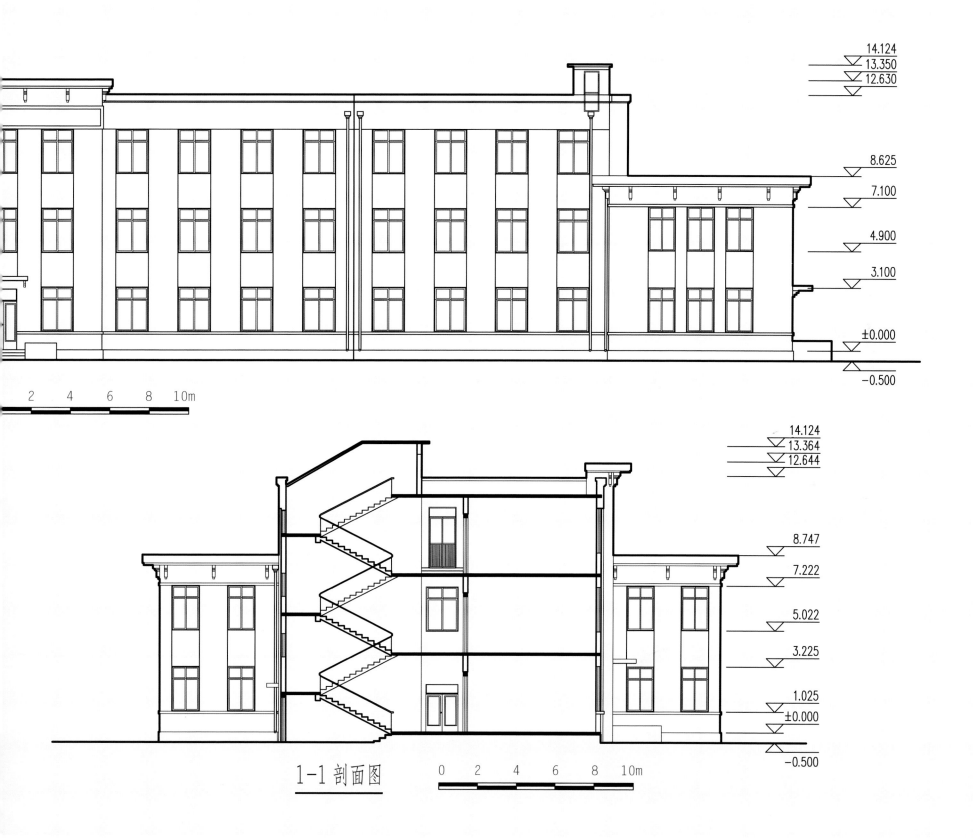

14.124
13.350
12.630

8.625

7.100

4.900

3.100

±0.000

−0.500

2　4　6　8　10m

14.124
13.364
12.644

8.747

7.222

5.022

3.225

1.025

±0.000

−0.500

1-1 剖面图

0　2　4　6　8　10m

百年河大　百年建筑

九号楼

建筑年代： 1954—1959 年。

建筑位置： 位于大礼堂前广场西南部、中轴线西侧，是中州大学时期规划的位置。其南面是七号楼，西面与八号楼、西北与图书馆东馆隔琢玉路相望。

建筑面积： 4080 平方米。

建筑功能： 原为化学实验楼，现为河南大学科研实验室、体育学实验教学中心、中央与地方共建高校特色优势学科实验室、历史文化学院资料室。

建筑特点： 九号楼又名博学楼，该楼为南北条式为主的 U 形楼，砖混结构，主体三层，正中局部四层，主入口朝东，南北端朝内侧设有偏门。该建筑由河南省城市规划设计院黄永康设计。外观青砖清水墙，窗下墙有简洁水泥粉饰线装饰，屋顶为平顶，楼梯、楼板、门窗均为木质。

九号楼效果图

实景照片

东立面入口

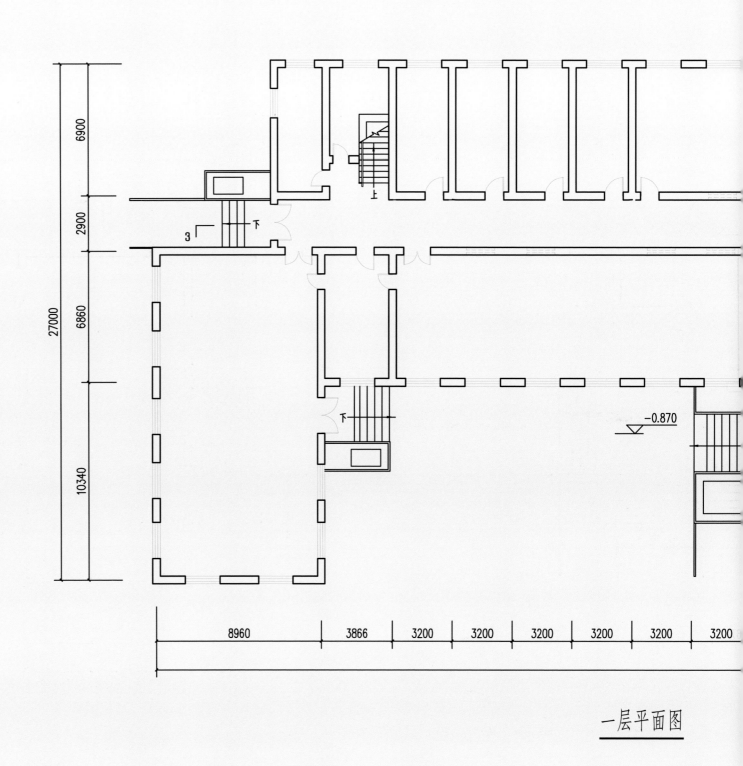

一层平面图

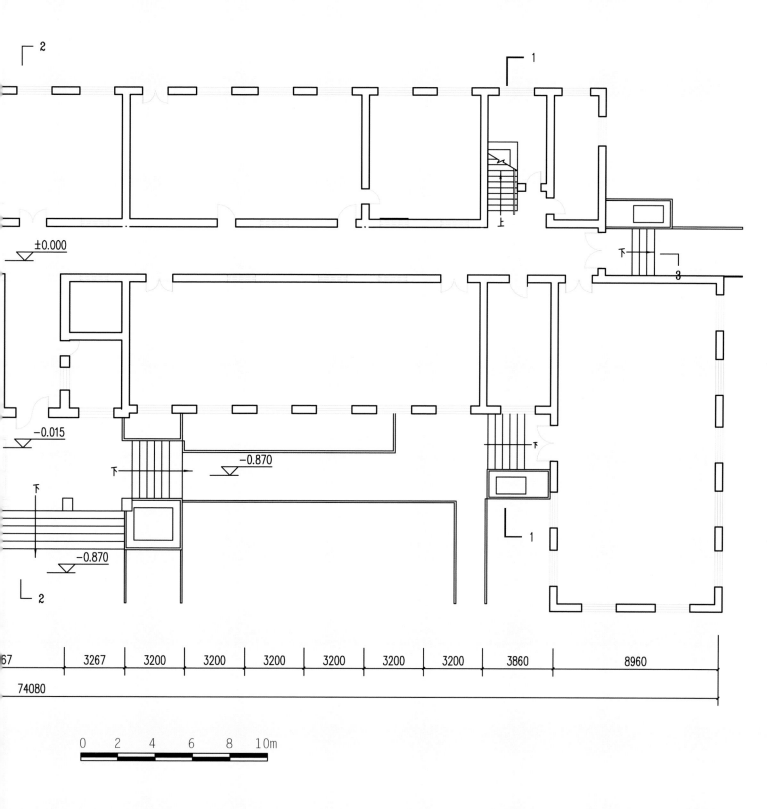

±0.000

−0.015

−0.870

−0.870

| 67 | 3267 | 3200 | 3200 | 3200 | 3200 | 3200 | 3200 | 3860 | 8960 |

74080

0 2 4 6 8 10m

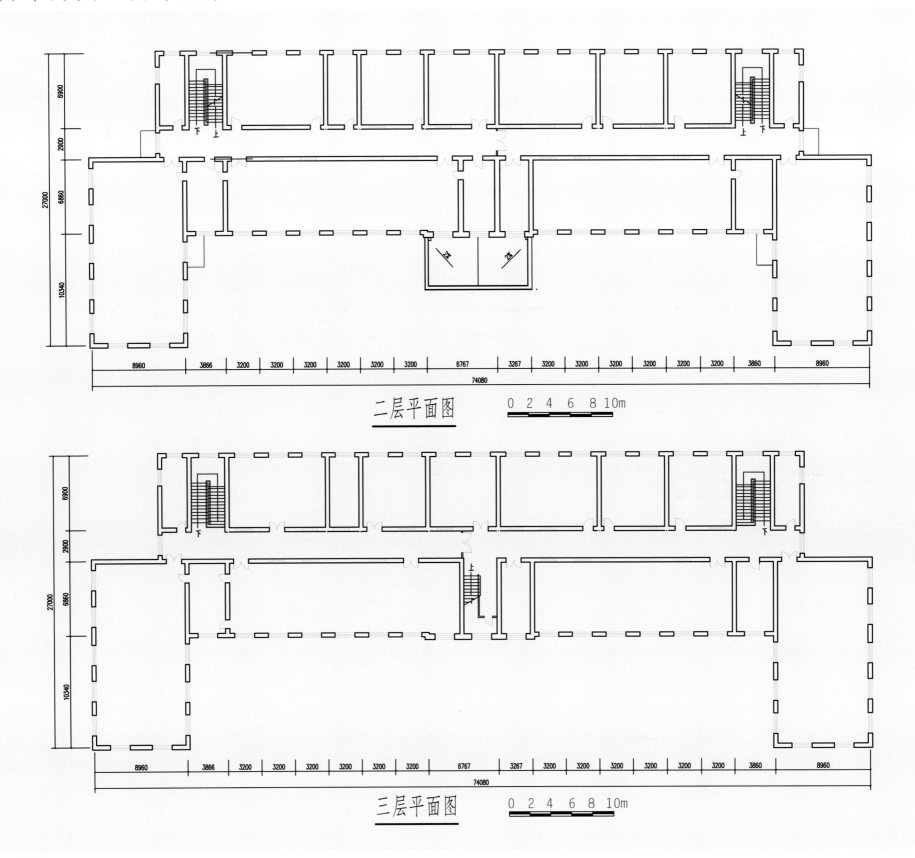

二层平面图　　0 2 4 6 8 10m

三层平面图　　0 2 4 6 8 10m

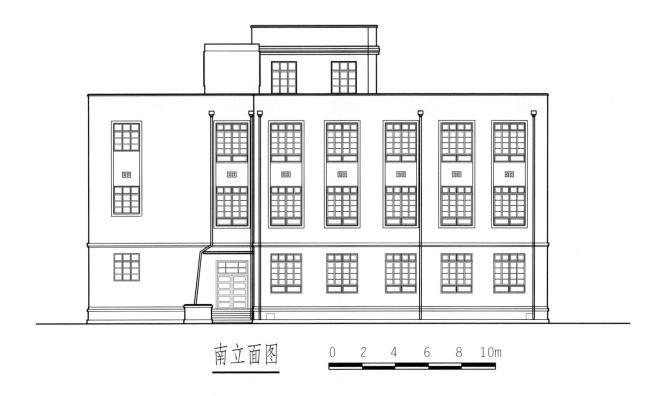

南立面图　　　0　2　4　6　8　10m

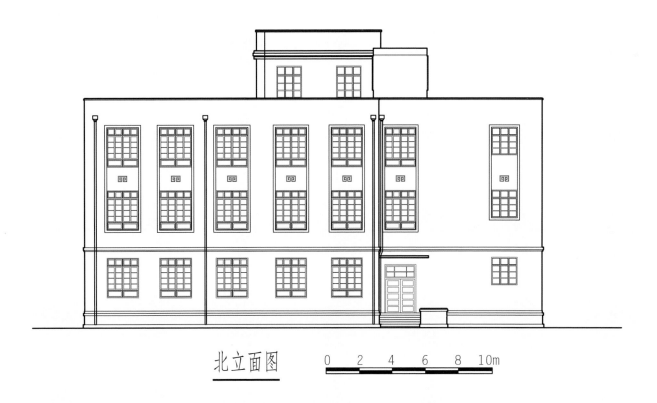

北立面图　　　0　2　4　6　8　10m

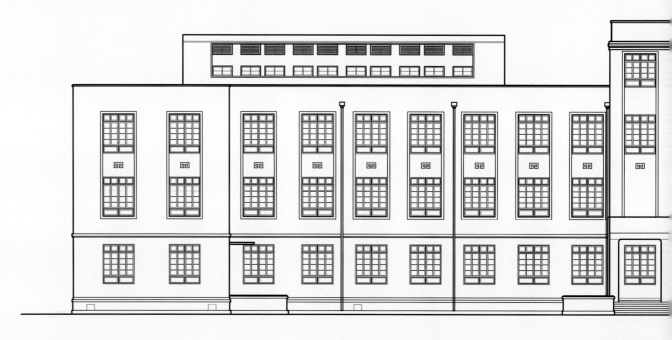

东立面图

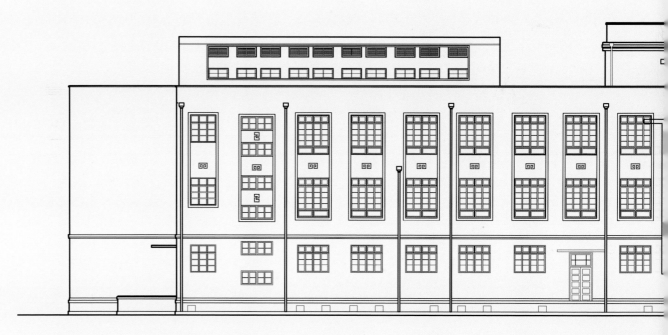

西立面图

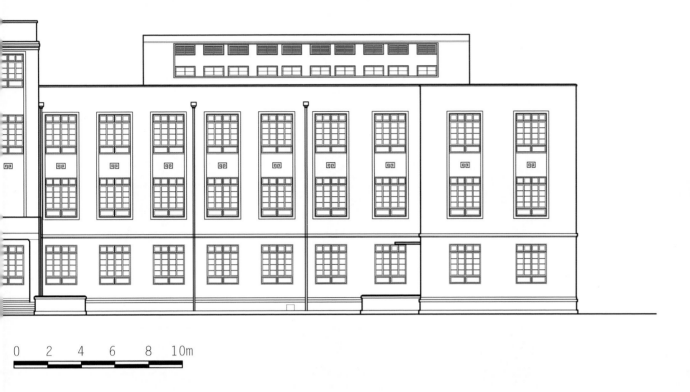

0 2 4 6 8 10m

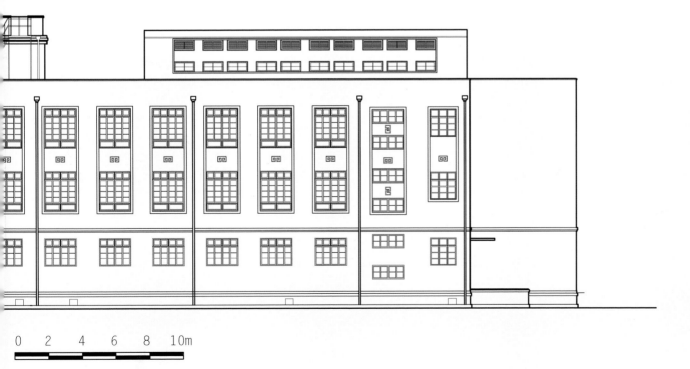

0 2 4 6 8 10m

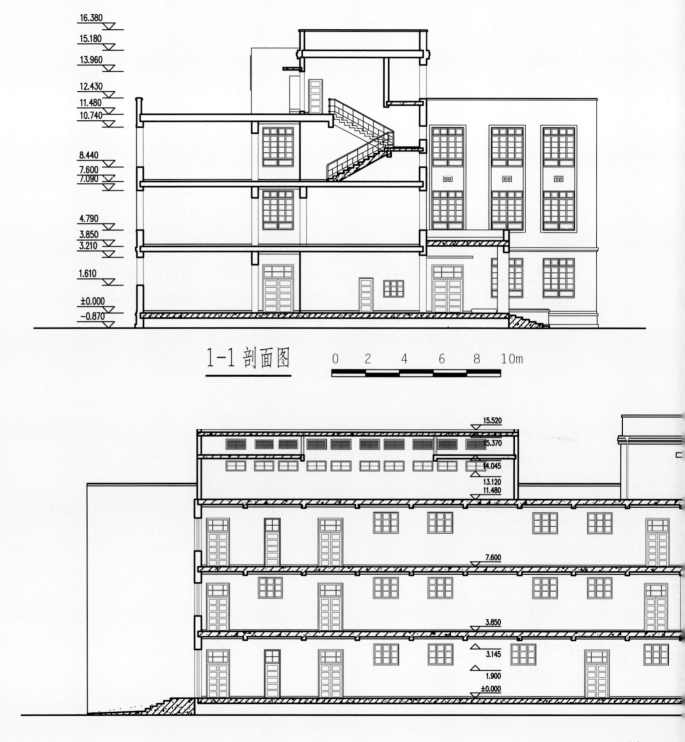

16.380

15.180

13.960

12.430
11.480
10.740

8.440
7.600
7.090

4.790
3.850
3.210

1.610

±0.000
−0.870

1-1 剖面图　　　0　2　4　6　8　10m

15.520
15.370
14.045
13.120
11.480

7.600

3.850
3.145
1.900
±0.000

3-3 剖面图

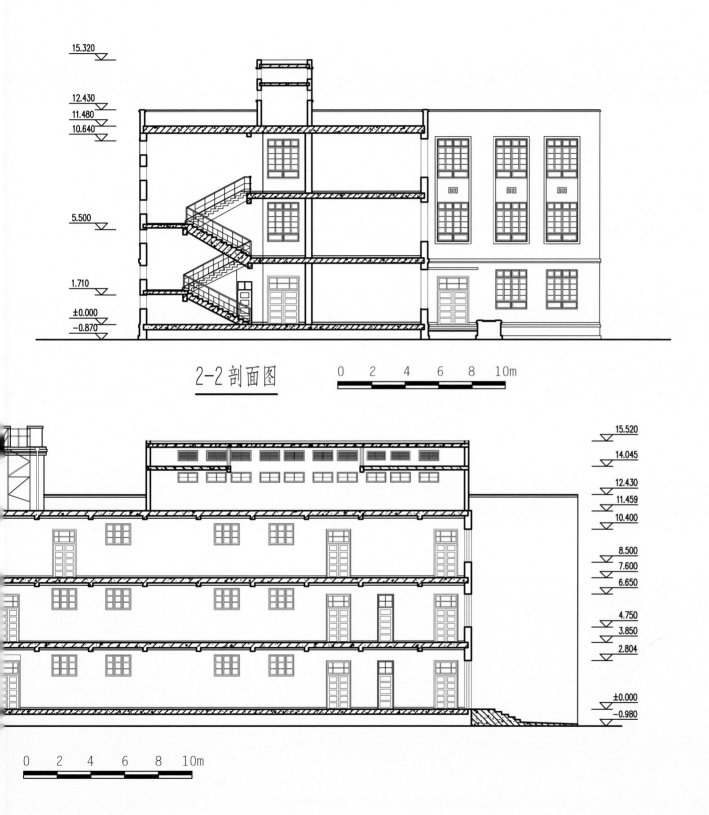

15.320

12.430
11.480
10.640

5.500

1.710

±0.000
−0.870

2-2 剖面图

0 2 4 6 8 10m

15.520

14.045

12.430
11.459

10.400

8.500
7.600
6.650

4.750
3.850
2.804

±0.000
−0.980

0 2 4 6 8 10m

学五公寓

建筑年代：建造时间不详，据推测应与九号楼同时期。
建筑位置：位于大礼堂北面，是一栋东西向的平面一字形楼。其东、西面的建筑均为后来新建的，西为学生活动室，东面紧挨着零号公寓。
建筑面积：3131平方米。
建筑功能：其东、西面的建筑均为后来新建的，原建筑西面为学生活动室，东面紧挨着零号公寓。现为学生公寓。
建筑特点：设计人任树森。主体三层，砖混结构，建筑面积3131平方米。外观红砖清水墙，红机瓦四坡顶，一楼正中面南开门。墙上留有"反对现代修正主义，捍卫马克思列宁主义！"的巨幅标语，显然是"文革"时期的遗物。

学五公寓效果图

实景照片

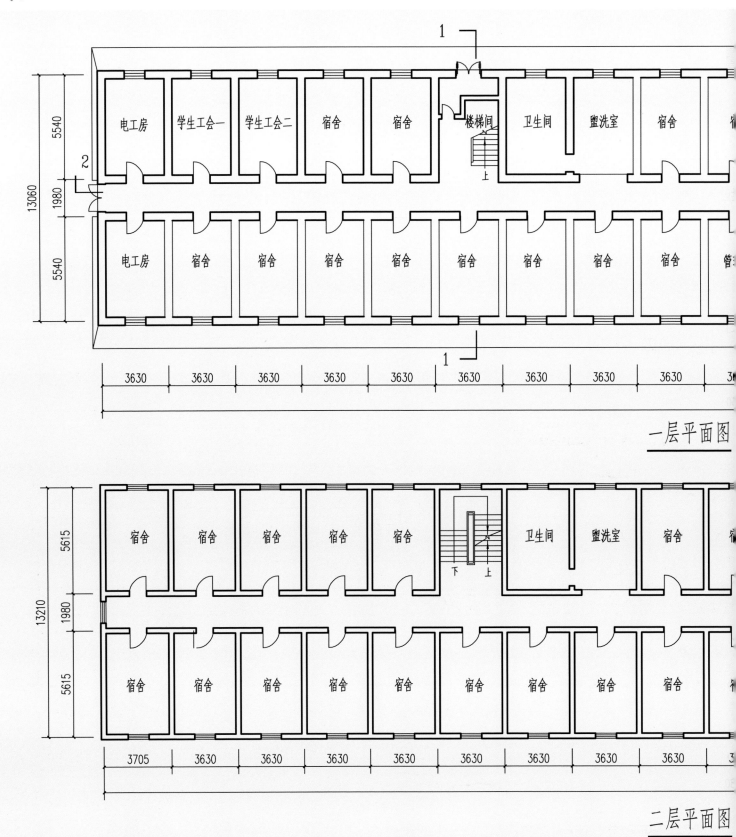

一层平面图

二层平面图

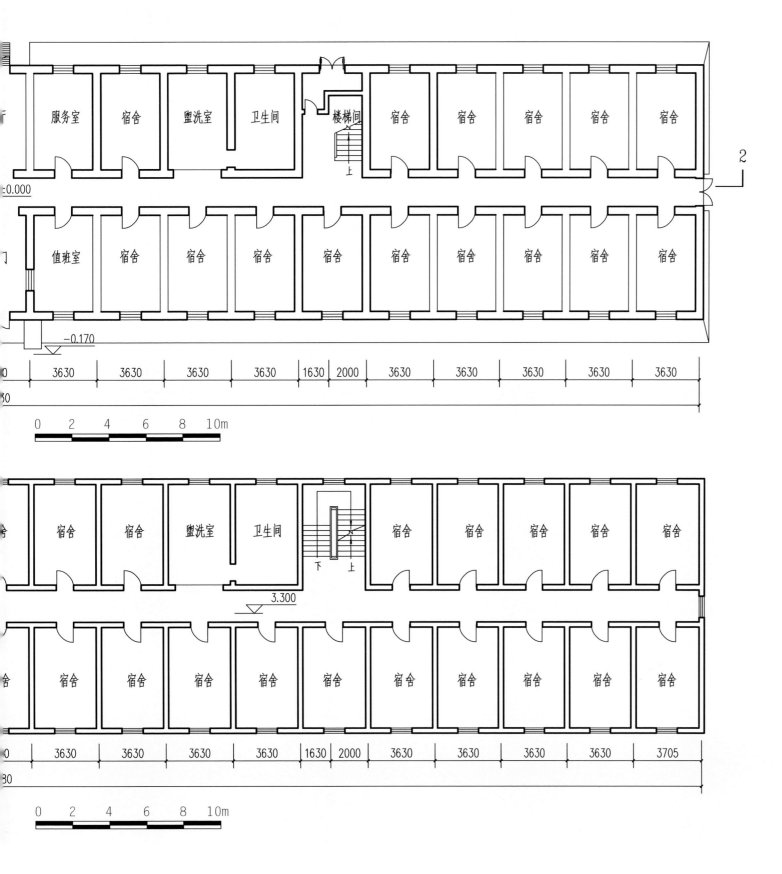

服务室 宿舍 盥洗室 卫生间 楼梯间 上 宿舍 宿舍 宿舍 宿舍 宿舍

±0.000

值班室 宿舍 宿舍 宿舍 宿舍 宿舍 宿舍 宿舍 宿舍 宿舍

−0.170

| 3630 | 3630 | 3630 | 3630 | 1630 | 2000 | 3630 | 3630 | 3630 | 3630 | 3630 |

0 2 4 6 8 10m

宿舍 宿舍 盥洗室 卫生间 下 上 宿舍 宿舍 宿舍 宿舍 宿舍

3.300

宿舍 宿舍 宿舍 宿舍 宿舍 宿舍 宿舍 宿舍 宿舍 宿舍

| 3630 | 3630 | 3630 | 3630 | 1630 | 2000 | 3630 | 3630 | 3630 | 3630 | 3705 |

0 2 4 6 8 10m

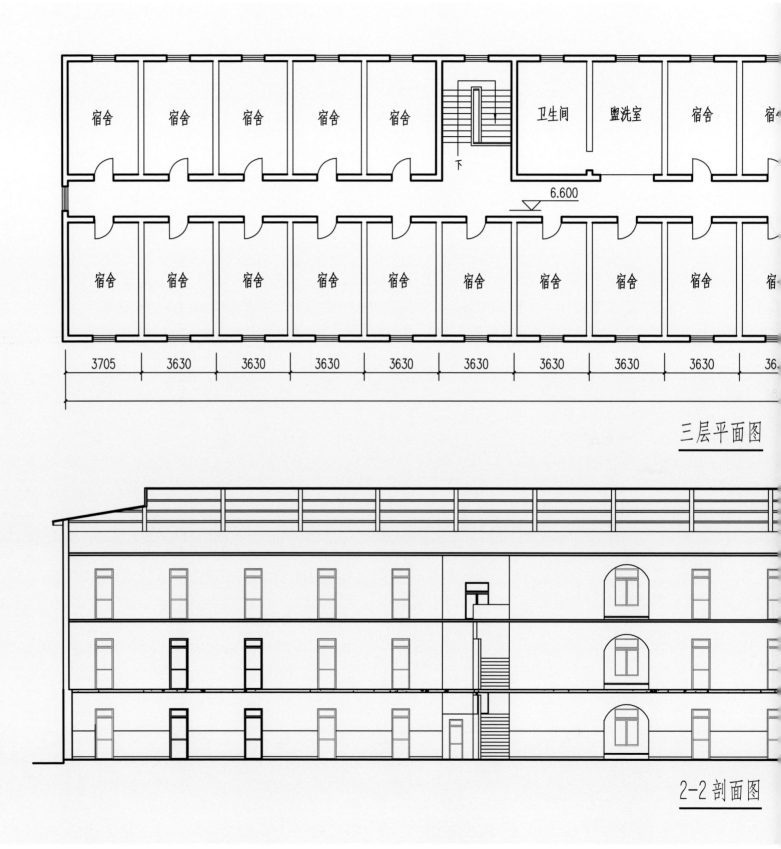

宿舍　宿舍　宿舍　宿舍　宿舍　卫生间　盥洗室　宿舍　宿

下　6.600

宿舍　宿舍　宿舍　宿舍　宿舍　宿舍　宿舍　宿舍　宿舍

3705　3630　3630　3630　3630　3630　3630　3630　3630　36

三层平面图

2-2剖面图

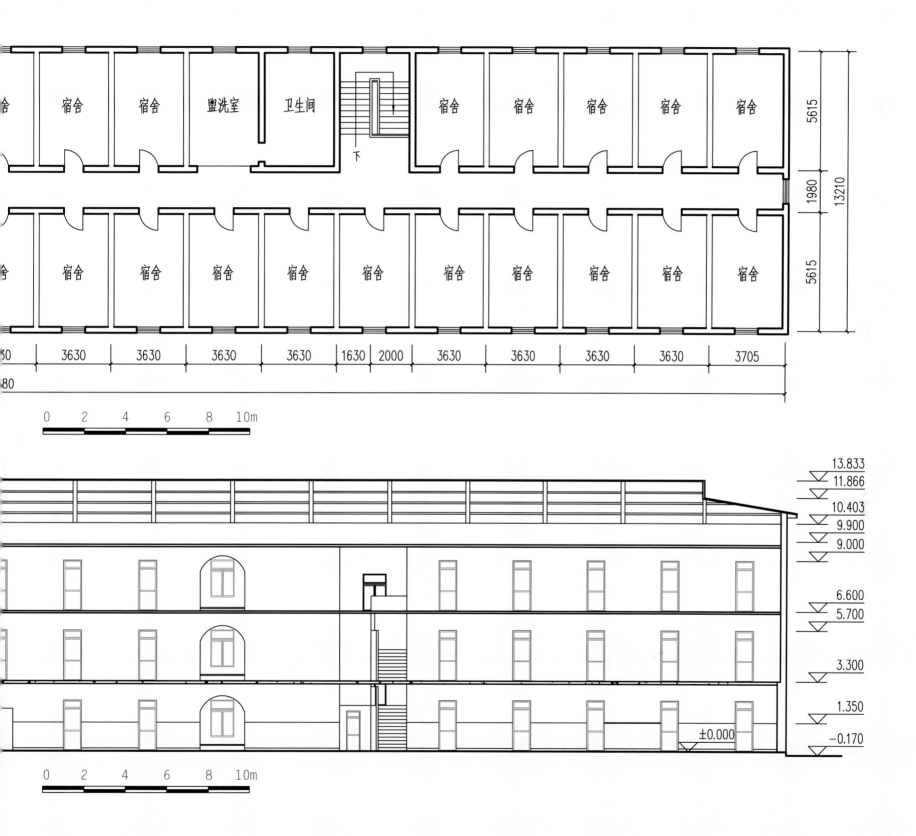

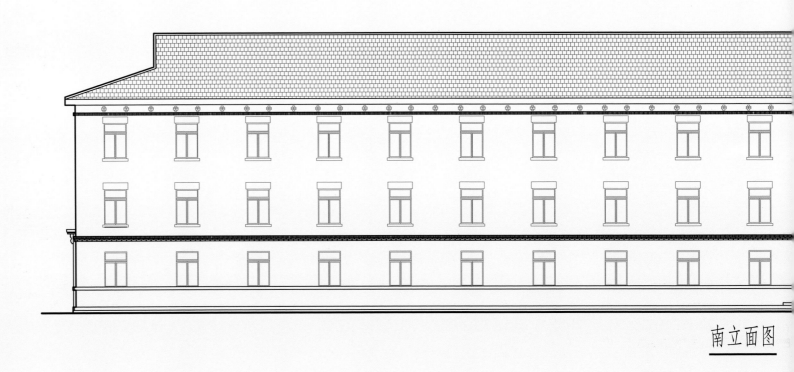

南立面图

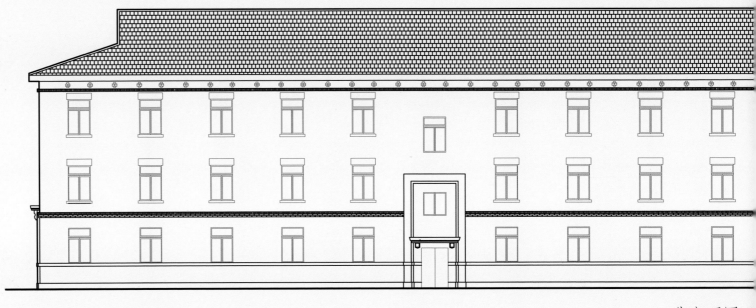

北立面图

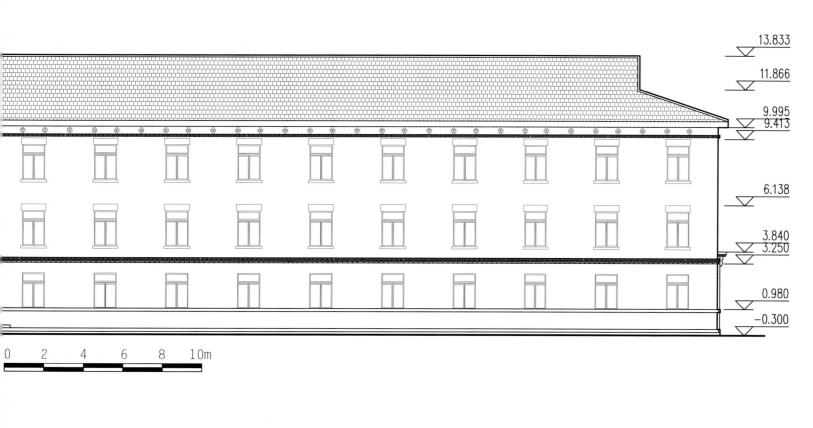

13.833

11.866

9.995
9.413

6.138

3.840
3.250

0.980

-0.300

0   2   4   6   8   10m

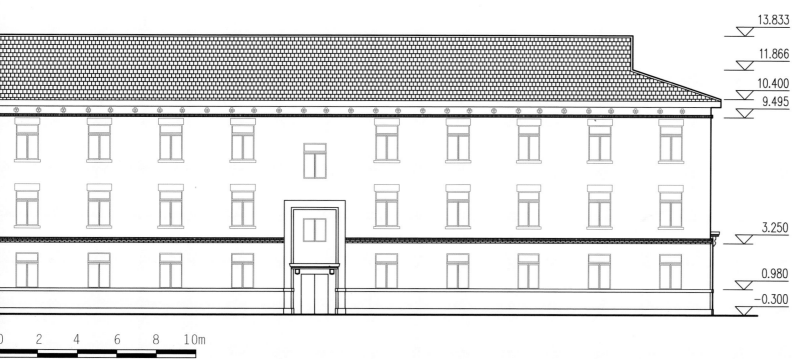

13.833

11.866

10.400
9.495

3.250

0.980

-0.300

0   2   4   6   8   10m

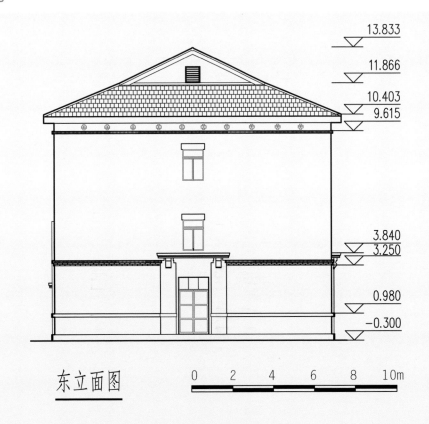

13.833
11.866
10.403
9.615

3.840
3.250

0.980

−0.300

东立面图

0　2　4　6　8　10m

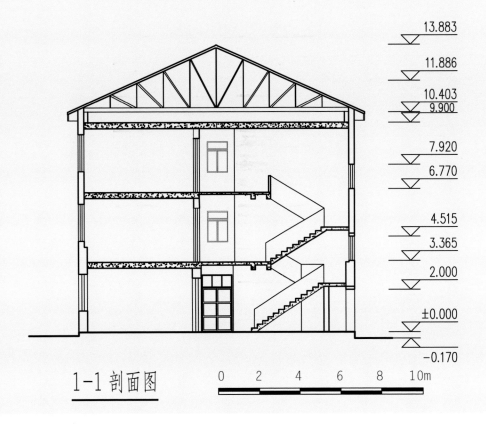

13.883

11.886

10.403
9.900

7.920

6.770

4.515

3.365

2.000

±0.000

−0.170

1-1剖面图

0　2　4　6　8　10m

老艺术楼

建筑年代：建于 20 世纪中期，为苏联援建时期建筑。
建筑位置：原为老府门街信陵书院故地。
建筑面积：452.7 平方米。
建筑功能：1908 年 4 月，中州女学在北宋紫禁城南信陵书院故址创立（现有一通碑刻，题为《河南省立女师范学校成立始末记》）。自那时至今，学校八易其名，2000 年 7 月并入河南大学。一直用于艺术教育，直到 2003 年被废置。在使用的过程中，几经内部装修，加吊顶，改门窗，但总体结构没变。荒废后，墙体有破损处，楼板、天花均有不同程度的损坏。2016 年以后管理单位为万博商厦。
建筑特点：总平面呈不等臂工字形布置，两层砖木结构，楼板为木质，有风火山墙，坡屋顶，用屋架支撑，外加木檩条、木梁连结，外观青水砖墙，南北西三面外走廊，主立面朝东，两根圆柱上下贯通，柱头为莲花座，造价 32 万元。艺术楼现已列入全国第三批文物普查不可移动文物目录，保护级别待公布。

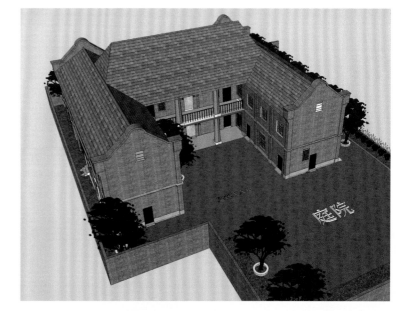

艺术楼效果图一

艺术楼效果图二

正立面

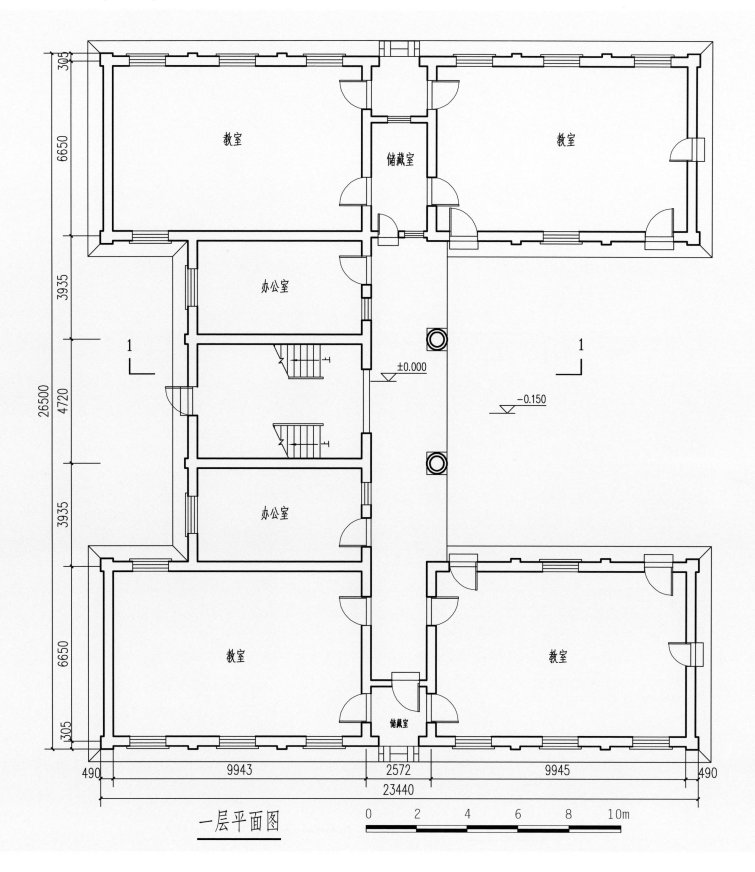

教室

储藏室

教室

办公室

±0.000

−0.150

办公室

教室

储藏室

305

6650

3935

4720

3935

6650

305

26500

490

9943

2572

9945

490

23440

一层平面图

0　2　4　6　8　10m

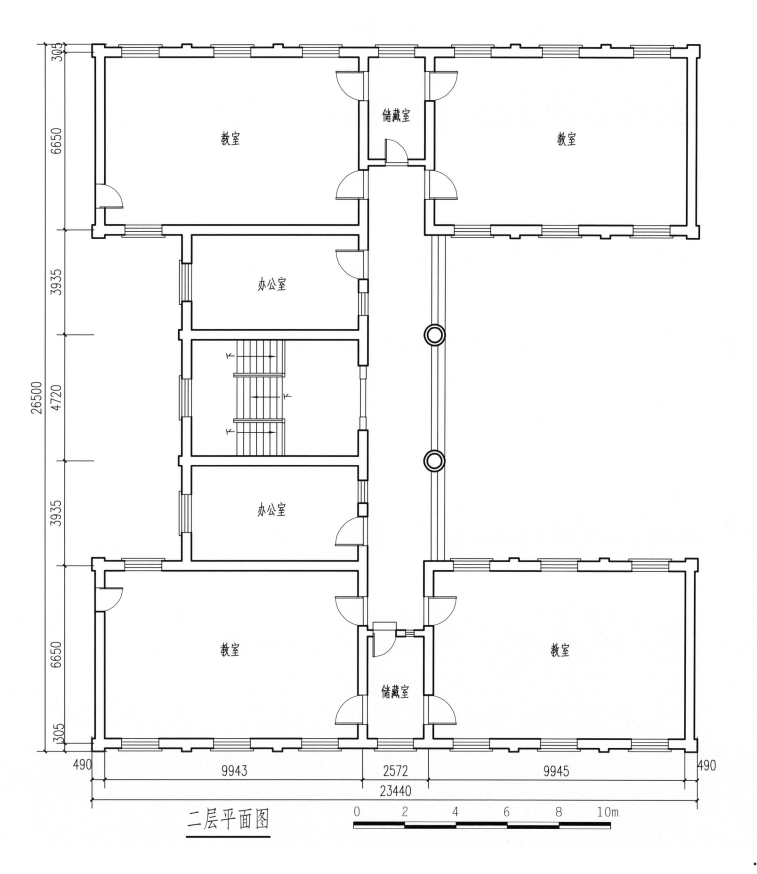

二层平面图

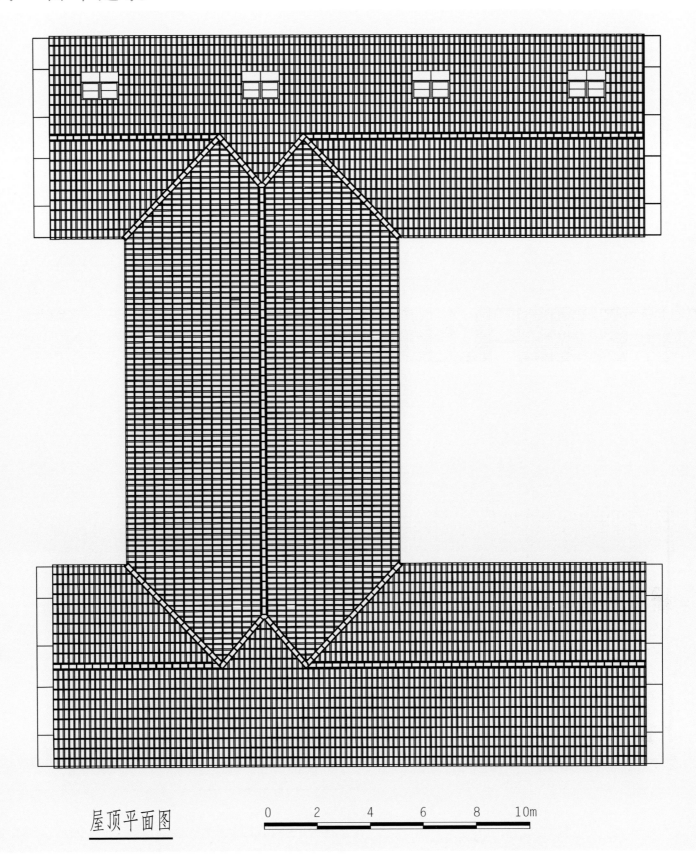

屋顶平面图

0　2　4　6　8　10m

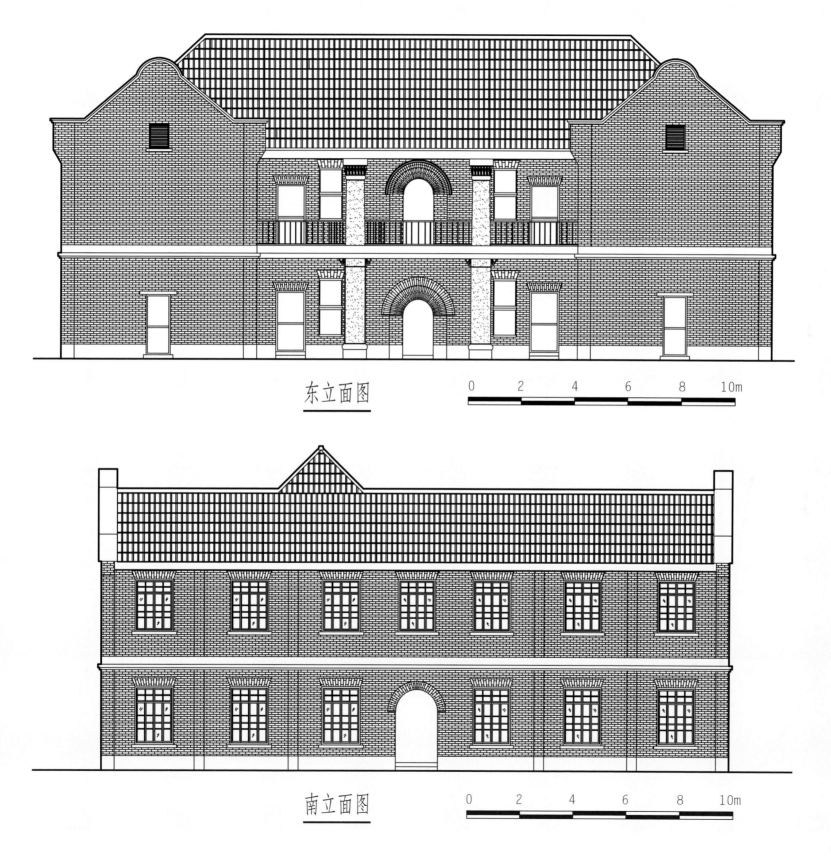

东立面图

0　　2　　4　　6　　8　　10m

南立面图

0　　2　　4　　6　　8　　10m

河南省立女师范学校成立始末记

　　吾豫女校，创始于民国建元之前四年。辟棘开荆，毫无凭借，排百疑谤，仅得自立。及民国元年，始定校址于老府门街信陵书院故地。增修改建，稍具规模。二年，遵教育部令，定名为省立女师范学校。附设高、初两等，暨讲习蒙养各班。常年经费列入预算，由省行政项下支给。至是，女校始得发展，盖开办距今已六年矣。其间缔造之艰辛，经历之困难，都人士类多知之，无容缕述。吾独异，夫谈女学者，动引周官妇学，内则姆教诸说。以为吾国古来，女子未尝无学，何必创建堂舍，萃数十百妇稚于一校？登坛讲说，执经问难，如古太学养士之风。不亦背十年不出，以顺为政之古训乎？吾谓，此实老儒之腐说，不明世界之大势耳。夫中国礼教，虽严男子主外，女子主内，并无轩轾。若无同等之知识，相当之能力，徒为伏处深闺，坐耗衣食，相助为理之谓何？即如古经所云，亦只宫庭、士族间有教师。此外，异识文字者，已千百之一二，粹精书史者，更数十世所仅见。究何足代表全国？谓为女学，素昌不亦值乎？如谓女子不应有学，是更蔑视人权。非惟西儒所不许，亦乖吾儒之恕道。况欧风东渐，人智我愚，大势所趋，闭塞不可。觇国势者，每以全国人民受教育之多寡，为强弱之判定。如其弃二万万同胞于无用，不能自容于优胜劣败之天演界。何如咸纳之道艺之林，授以同等之知识，相当之能力，俾得自立于生存竞争之世。而且学识既具，必不至误解平权自由诸学说。以嚣张为文明，以破我数千年礼教之藩篱。兴学之功，岂不大哉？故十年以来，各省女校，渐次推广，吾豫同人，有鉴于此，急谋建设，今成效渐著，来学日多，提倡诸君之功，良不可没。当时预其事者，有汲县李敏修（时灿），南阳张忠甫（嘉谋），孟县阎春台（永仁），尉氏刘青霞女士，鄙人承乏斯校，始终其间，因得详其颠末，并就平日所见及者，加以论述，俾勒于石是为记。

商城李鸿筹撰　孟县阎永仁书

中华民国二年七月吉日

后　记

　　2004 年河南大学近代建筑群开始申报全国重点文物保护单位，我参与申报材料的编写工作，2006 年河南大学近代建筑群以"河南留学欧美预备学校旧址"的名称获批第五批全国重点文物保护单位，同年学校成立文物保护管理办公室，我被任命为首位办公室主任，直到 2013 年离开此岗位回土木建筑学院任教。这期间，从四有档案建立，到五大类九小类项目申报入库，再到 100 年校庆前夕维修经费的申请，组织完成校园内"苏式建筑"第三次文物普查，前后近 7 年时间。宝贵的经历，使我与明伦校区老建筑群建立起特殊的感情，2012 年百年校庆前夕，出版《河南大学校园百年建设史》一书，虽然那本书对近代建筑及苏式建筑都有描述，但是均以文字为主，照片为辅，几乎没有测绘图，建筑的信息量相对较少，总认为有责任和义务将河南大学老的建筑群测绘图整理出来，以飨读者。本书自 2017 年开始整理，几易其稿，接近尾声，完稿之际，仍有未尽之意。河南大学在 110 年办学的历史沿革中，校园内消失的建筑、禹王台农业学院办学点建筑、流亡办学期间嵩县潭头、南阳荆紫关、陕西宝鸡、西安以及苏州沧浪亭的建筑等等，都与河南大学办学历史息息相关，且颇有特色和价值，但限于这类建筑信息资料还不够翔实，以及以何种方式纳入书写，没有清晰的研判，同时本书计划 110 年校庆前出版，也没有精力深入思考以上问题，种种原因，留有遗憾。纵是如此，现有编写内容也难免存有不少问题甚至错误，望读者批评指正。